Pilze

Pilze

Text und Illustrationen von
Aurel Dermek

DAUSIEN

PILZE
Text und Illustrationen: Aurel Dermek
Übersetzung: Ute Kurdelová
Deutsche Bearbeitung: Klaus Groh
© 1981 und Herstellung Verlag Slovart
2. Auflage 1995
VERLAG WERNER DAUSIEN · HANAU
ISBN 3-7684-2114-7

Vorwort

Unser Buch bringt in kurzer Form Angaben zu den einheimischen Pilzen, vor allem Erläuterungen und Abbildungen der Arten, die der Pilzsammler am häufigsten in der Natur findet. Obwohl die Beschreibungen der einzelnen Pilze kurz sind, reichen sie für eine zuverlässige Bestimmung der Art aus.

Es soll ein guter Begleiter sein bei der Pilzsuche vom zeitigen Frühjahr bis in den späten Herbst hinein. Den Anfängern soll es helfen, eßbare und giftige Pilze exakt bestimmen zu können. Dem erfahrenen Pilzwanderer wird es Anregungen für ein intensiveres Studium der Pilze und der mykologischen Literatur geben.

Kurzcharakteristik der Pilze

Pilze sind Organismen, die sich von grünen Pflanzen nicht nur durch ihr Aussehen, sondern auch in ihrer chemischen Zusammensetzung, ihrer Entwicklung und Lebensweise unterscheiden. Deshalb nehmen sie eine Sonderstellung im Pflanzenreich ein. Einige Wissenschaftler ordnen sie neben den Pflanzen und Tieren in ein drittes, völlig eigenständiges organisches Reich ein.

Die grünen Pflanzen können dank Blattgrün (Chlorophyll) mit Hilfe des Sonnenlichtes aus einfachen anorganischen Stoffen die Materie aufbauen, die ihren Körper bildet, sie besitzen also die Fähigkeit, photosynthetisch zu assimilieren. Ihr Körper besteht aus Wurzeln, Sproß und Blättern. Da Pilze kein Blattgrün (Chlorophyll) besitzen, können sie nicht ausschließlich von mineralischen Stoffen leben. Die erforderlichen Nährstoffe entnehmen organischen Stoffen, die von Pflanzen oder Tieren gebildet werden. Deshalb findet man auch die meisten Pilze in Wäldern, wo ihnen eine große Menge abgestorbener organischer Materie als Nahrung zur Verfügung steht.

Die meisten Menschen stellen sich unter dem Begriff „Pilze" nur die gut entwickelten Fruchtkörper höherer Pilze vor, die in Größe, Form und Farbe sehr auffällig sind. Den eigentlichen Pilzkörper bildet jedoch ein Netzwerk aus dichten Pilzfäden (Hyphen), das sogenannte Pilzgeflecht (Myzel). Die sichtbaren Fruchtkörper sind hingegen nur Reproduktionsorgane der Pilze, in denen Sporen gebildet werden, durch die sie sich ungeschlechtlich (vegetativ) vermehren. Allerdings gibt es neben der ungeschlechtlichen bei vielen Pilzen auch eine geschlechtliche Vermehrung, diese ist jedoch bisher noch nicht ausreichend erforscht.

Pilze kommen zwar vor allem in Wäldern, auf Wiesen und Feldern, in Parks oder Gärten vor, man findet sie aber auch auf Holzstapeln, auf Halden, in Bergwerken, im Süß- und Meereswasser, ja bisweilen sogar in unseren Wohnungen. Pilze sind über die ganze Erde verbreitet, nach bisherigen Forschungen sind jedoch die Waldzonen der nördlichen Halbkugel am reichsten an Hutpilzarten. Weite Gebiete tropischer Wälder und die Waldzonen der südlichen Halbkugel wurden bisher allerdings noch nicht eingehend pilzfloristisch erforscht.

Einige Pilzarten kommen auf allen Kontinenten vor, sie sind kosmopolitisch. Dies sind z. B. der Echte Pfifferling *Cantharellus cibarius*, der Nelken-Schwindling *Marasmius oreades*, der Austern-Seitling *Pleurotus ostreatus*, der Rote Fliegenpilz *Amanita muscaria*, der Butterpilz *Suillus luteus*, der Gemeine Hallimasch *Armillariella mellea*, der Wiesen-Egerling *Agaricus campestris*, der Flaschen-Stäubling *Lycoperdon perlatum* und viele andere. Die überwiegenden Mehrzahl der Pilze kommt aber nur in begrenzten geographischen Gebieten vor. Dies sind vor allem Mykorrhiza-Pilze, die durch die Bindung an bestimmte Arten höherer Pflanzen auch an deren Verbreitungsgebiet gebunden sind.

Auf unserer Erde gibt es zahlreiche Pilzarten. Bisher wurden 55 000 Arten beschrieben. Diese Zahl ist jedoch bei weitem nicht endgültig, da alljährlich annähernd 1000 neu beschriebene Arten hinzukommen. Außer Europa, Nordamerika und Japan warten die übrigen geographischen Regionen noch auf eine gründliche pilzfloristische Erforschung. Deshalb dürften wohl jene Wissenschaftler recht haben, die davon ausgehen, daß die Pilzflora der Erde 100 000 Arten umfaßt.

Von der großen Anzahl bisher beschriebener und bekannter Arten gehört die überwiegende Mehrheit zu den sogenannten „niederen Pilzen", die „Mikromyzeten" genannt werden, da sie nur kleine oder gar keine Fruchtkörper ausbilden. Von den „höheren Pilzen", die gewöhnlich als „Makromyzeten" bezeichnet werden, wachsen auf der Erde grob geschätzt etwa 15 000 Arten, davon etwa 4500 in Europa.

Die Ausdrücke „niedere Pilze" und „höhere Pilze" sind nur technische Begriffe, die nicht genauer abgegrenzt sind. Zu den „höheren Pilzen" werden gewöhnlich die meisten Ständerpilze *Basidiomycetes* und einige Schlauchpilze *Ascomycetes* gezählt, die größere, auffällige Fruchtkörper bilden.

Das Leben der Pilze und ihre Bedeutung in der Natur

Nach ihrer Lebensweise werden Pilze in saprophytische und parasitische Pilze unterteilt. Die saprophytischen Pilze gewinnen ihre Nahrung aus abgestorbenen Resten von Pflanzen oder Tieren, die parasitischen Pilze schmarotzen auf dem lebenden Körper von Pflanzen oder Tieren. Außerdem gibt es auch Pilze, die vorwiegend als Saprophyten leben, deren Myzel jedoch manchmal auch in lebende Organe höherer Pflanzen (meist Bäume) eindringt und auf ihnen zu schmarotzen beginnt. Diese Pilze nennt man saproparasitisch.

Viele saprophytische Pilze sind an bestimmte Arten grüner Pflanzen gebunden. Dieses Zusammenleben von Pilzen und höheren Pflanzen nennt man Mykorrhiza. Die feinen Fäden des Myzels der Mykorrhiza-Pilze umflechten die dünnen Wurzeln von Pflanzen oder dringen in sie ein und entnehmen ihnen für ihr eigenes Leben notwendige Nährstoffe. Als Gegenleistung liefert das Myzel dieser Pilze den grünen Pflanzen jene Nährstoffe, die für deren Wachstum wichtig sind. Es ist also eine Lebensgemeinschaft mit beiderseitigem Vorteil, eine Symbiose. Zu den typischen Mykorrhiza-Pilzen gehören die meisten Röhrenpilze. Die positiven Eigenschaften der Mykorrhiza haben große Bedeutung für die Wald- und Forstwirtschaft, vor allem bei der Neuanlage von Forsten.

Pilze wachsen auf den verschiedensten Unterlagen, am häufigsten jedoch auf dem Boden oder auf abgestorbenen bzw. lebenden Teilen von Holzgewächsen. Seltener sind sie auf Müllhalden, Schuttplätzen oder Brandstellen zu finden. Einige Pilzarten leben sogar als Parasiten auf anderen Pilzen. Beispielsweise schmarotzt der Schmarotzer-Röhrling *Xerocomus parasiticus* auf den lebenden Fruchtkörpern des Kartoffelbovistes *Scleroderma aurantium*.

Außer den Nährstoffen aus organischer Materie brauchen Pilze für ihr Wachstum eine angemessene Temperatur und Feuchtigkeit. Nach langjährigen Beobachtungen wurde festgestellt, daß sich die Fruchtkörper der Pilze am besten bei ruhiger, windstiller Wetterlage bilden. Licht ist für das Pilzwachstum unbedeutend, der Lebenszyklus vieler Pilze vollzieht sich im Dunkeln. Auf die Bildung der Fruchtkörper haben auch weitere Faktoren Einfluß, die bisher noch nicht völlig geklärt sind.

Der eigentliche Pilzkörper, also das Myzel (Pilzgeflecht) breitet sich im Boden oder in einem anderen Substrat nach allen Richtungen aus. Die Lebensdauer des Myzels ist unterschiedlich. Während sie bei einigen Pilzarten nur ein Jahr beträgt, überdauert sie bei anderen auch einige Jahrzehnte. Das Myzel vieler Hutpilze breitet sich im Boden strahlenförmig zu einem scheibenförmigen Gebilde aus, an dessen Außenrand sich die Fruchtkörper ausbilden. Dieser Myzelkreis breitet sich jedes Jahr weiter aus, sein Radius vergrößert sich. Diese Erscheinung nennt man ,,Hexenringe".

Die wichtigste Tätigkeit der Pilze in der Natur ist der Abbau abgestorbener organischer Pflanzen- und Tierreste. Die Pilze zersetzen gemeinsam mit Bakterien die organischen Stoffe zu einfachsten mineralischen Bestandteilen und führen diese wieder dem Kreislauf der Natur zu. Ohne diese wichtige Tätigkeit der Pilze und Bakterien würde das Leben auf der Erde zum Stillstand kommen. Organische Stoffe würden sich unaufhörlich ansammeln und ein Mangel an biogenen, die lebende Materie bildenden Elementen würde eintreten.

Der Mensch nutzt Pilze seit Urzeiten vor allem zur Zubereitung von Nahrungsmitteln und Getränken. Dabei war er sich nicht bewußt, daß beispielsweise das Aufgehen des Brotteiges, die Gärung des Weines und verschiedener Erfrischungsgetränke durch Hefepilze (Saccharomyzeten) verursacht wird. Mit fortschreitender Zivilisation und dem Aufschwung der Naturwissenschaften begann der Mensch die Pilze in den verschiedenen Zweigen der Industrieproduktion zielstrebiger zu nutzen. Forschungen im medizinischen Bereich haben die Heilwirkungen einiger Pilze entdeckt, die zur Herstellung verschiedener Antibiotika in der pharmazeutischen Industrie genutzt werden.

Die Rolle der Pilze sollte man auch als Nahrungsmittel nicht unterschätzen, obwohl sie im Vergleich zu den traditionellen Grundnahrungsmitteln nur einen kleinen Anteil darstellen. Die Nahrungsmittelindustrie verarbeitet zahlreiche Kultur- und Wildpilze. Dem Pilzsucher bringt das Sammeln von Pilzen neben der Freude und dem Vergnügen auch aktive Bewegung in der Natur und schließlich noch den Nutzen aus den gefundenen Speisepilzen.

Leider haben Pilze aus wirtschaftlicher und gesundheitlicher Sicht auch negative Eigenschaften für den Menschen. Viele parasitäre Arten verursachen erhebliche Schäden an Kulturpflanzen in der Land- und Forstwirtschaft. Holzsaprophyten schädigen durch ihre zersetzende Tätigkeit gestapeltes Holz, auch in Bergwerken, an Eisenbahnschwellen oder in Gebäuden in starkem Maß. Verschiedene Mikromyzeten beschädigen auch wertvolle Kunstgegenstände wie z. B. Bilder, Holzplastiken, Bücher usw. Besonders unangenehm für Mensch und Tier sind verschiedene Hautpilzkrankheiten, die sogenannten Dermatomykosen.

Zu den negativen Eigenschaften der Pilze gehören schließlich auch die durch einige giftige Arten verursachten Vergiftungen. Wer jedoch eßbare oder unschädliche Arten zuverlässig von giftigen zu unterscheiden weiß, kann ohne Befürchtungen um die Gesundheit ein Pilzgericht zu sich nehmen. Zur Verbesserung dieser Kenntnisse soll dieses Buch beitragen.

Das vielgestaltige Leben der Pilze und ihre Funktion im Kreislauf des Lebens auf der Erde ist also notwendig und natürlich, obwohl es für den Menschen sowohl positive als auch negative Bedeutung haben kann.

Kurze Morphologie und Anatomie der Fruchtkörper

Die Fruchtkörper der höheren Pilze haben sehr unterschiedliche Form, Oberfläche, Größe, Konsistenz und Farbe. Die Gesamtheit dieser Eigenschaften nennt man morphologische oder makroskopische Merkmale. Morphologisch deshalb, weil sie sich von ihrer Form ableiten und makroskopisch deshalb, weil man sie mit bloßem Auge, ohne Zuhilfenahme eines Mikroskopes erkennen kann.

Bei der Beschreibung der Form der Fruchtkörper vergleicht man sie allgemein mit bekannten Gegenständen und Gebilden. In Abb. 1 ist ein Teil des großen Formenreichtums der Fruchtkörper aus verschiedenen Gruppen höherer Pilze dargestellt.

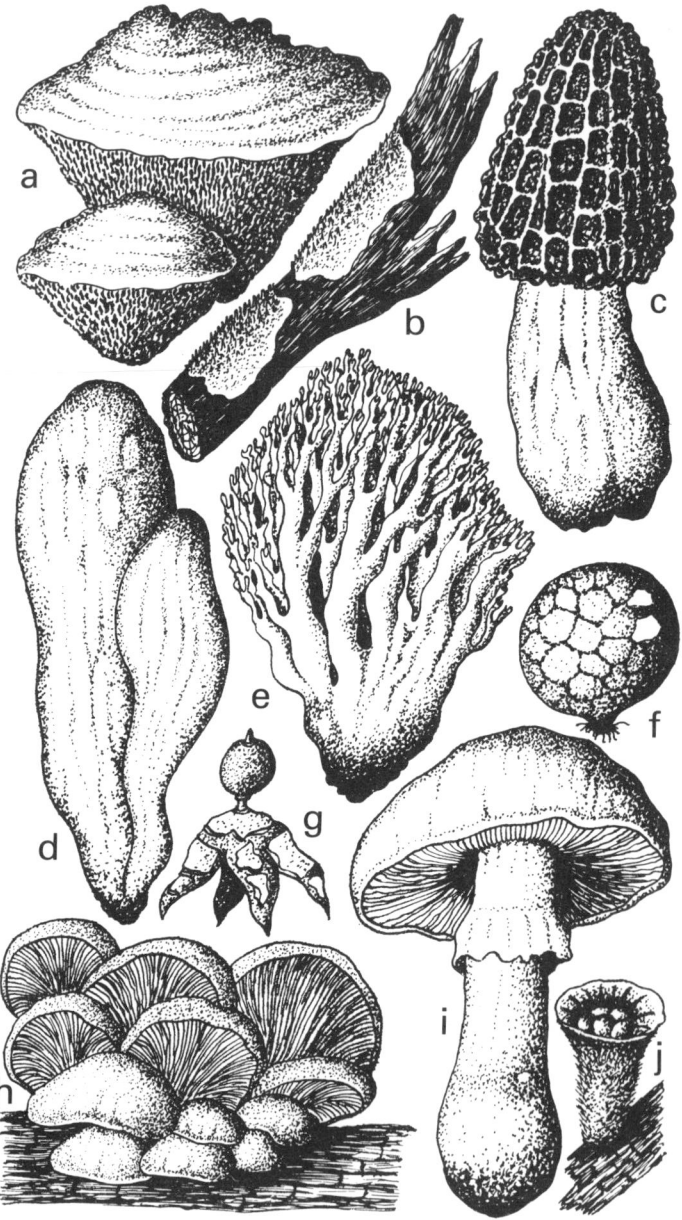

Der Pilzsammler interessiert sich jedoch insbesondere für Hutpilze, da zu diesen die überwiegende Anzahl der Pilze zählt, die eßbar sind. Deshalb werden im weiteren nur die Fruchtkörper berücksichtigt, die aus Hut und Stiel bestehen (siehe Abb. 2).

Der Hut ist der wichtigste Teil des Fruchtkörpers. An seiner Unterseite befindet sich das Hymenophor, die Vergrößerung der fertilen Oberfläche des Fruchtkörpers in Form von Stacheln, Leisten, Blättern (Lamellen) oder Röhren. Am Hymenophor bilden sich im Hymenium, der sporenbildenden (fertilen) Schicht, Sporen, durch die sich die Pilze vegetativ vermehren. Bei der Bestimmung der einzelnen Arten ist bei dem Hut vor allem auf seine Form, Oberfläche, Farbe und Größe zu achten.

Die Hutform kann kugelförmig, halbkugelförmig, eiförmig, zylindrisch, kegelförmig, glockenförmig, gewölbt, polsterförmig, flach oder trichterförmig sein (Abb. 3).

Die Hutoberfläche (Oberhaut) ist entweder glatt, grubig, höckerig, runzelig-faltig oder gerieft, kahl, samtig, filzig, behaart, faserig, flockig oder schuppig, schleimig (schmierig), klebrig oder trocken, matt oder glänzend.

Der Hutrand ist entweder gerade, gewellt oder gebogen, eingerollt, emporgeschlagen, scharf oder abgerundet, mit oder ohne Hüllreste.

Die Hutfarbe kann sehr mannigfaltig sein. Man kann sagen, daß bei den Fruchtkörpern der Pilze sämtliche Farben in ihren verschiedensten Schattierungen vorkommen.

Die Hutgröße ist unterschiedlich. Während viele Arten der Schwindlinge oder Rüblinge einen Hutdurchmesser von nur 12—22 mm haben, erreichen Röhrenpilze bis zu 200 mm Hutdurchmesser. Der Hut des Parasol *Macrolepiota procera* wird oft über 300 mm breit.

Außer diesen Merkmalen muß noch untersucht werden, ob ein Hut wasseraufnehmend (hygrophan) ist oder nicht und ob sich die Haut leicht, schwer oder gar nicht ablösen läßt.

Das Hymenophor der Hutpilze wird entweder von Leisten, Stacheln, Lamellen oder Röhren gebildet (siehe Abb. 4).

Die Leisten können dick oder dünn, eng oder weit getrennt, einfach oder gabelig verästelt, oft durch Querwände (Anastomosen) miteinander verbunden und verschieden gefärbt sein.

Die Stacheln können kurz oder lang, dick oder dünn, am Ende spitz oder stumpf, eng oder locker stehend, brüchig oder elastisch und von unterschiedlichen Farben sein.

Die Lamellen (Blätter) sind breit oder schmal, eng oder weit entfernt

---

Abb. 1: Verschiedene Fruchtkörpertypen höherer Pilze:

a — konsolenförmig, b — zerlaufend, c — morchelartig, d — keulenförmig, e — strauchförmig, f — kugelförmig, g — sternförmig, h — muschelförmig, i — hutförmig, j — becher- oder kelchförmig

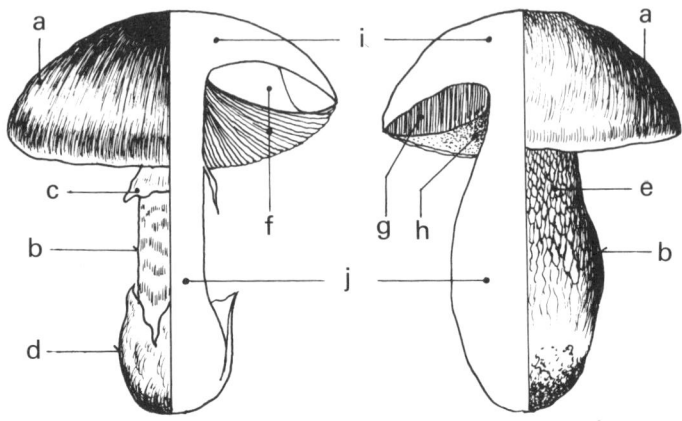

Abb. 2: Teile des hutförmigen Fruchtkörpers:
a – Hut, b – Stiel, c – Ring, d – Scheide an der Stielbasis, e – Netz am Stiel, f – Blätter (Lamellen)
g – Röhren, h – Poren (Röhrenmündungen), i – Hutfleisch, j – Stielfleisch

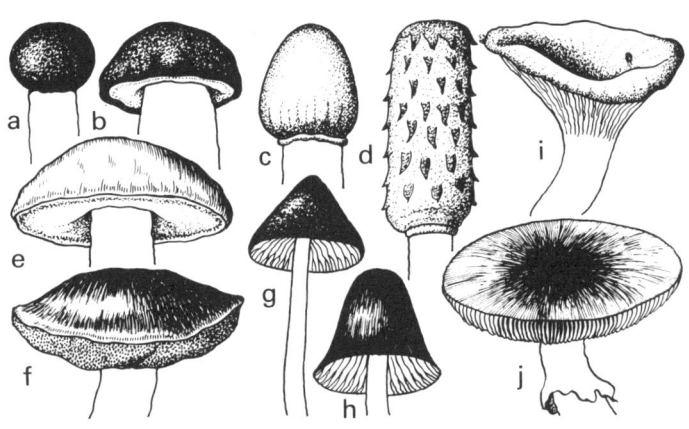

Abb. 3: Verschiedene Hutformen:
a – kugelförmig, b – halbkugelförmig, c – eiförmig, d – zylindrisch, e – gewölbt, f – polsterförmig,
g – kegelförmig, h – glockenförmig, i – trichterförmig, j – flach

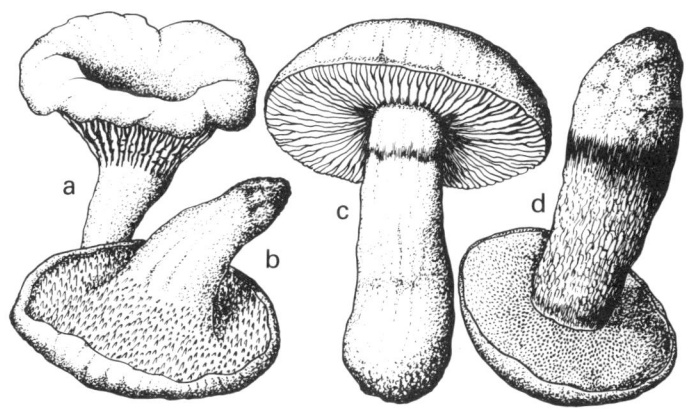

Abb. 4: Verschiedene Arten des Hymenophors:
a — Leisten, b — Stacheln, c — Lamellen, d — Röhren

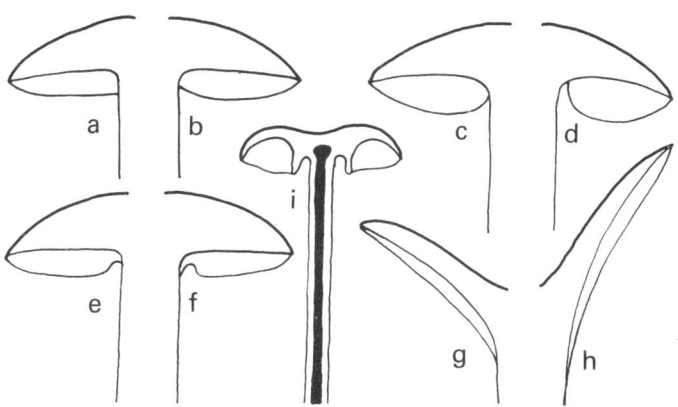

Abb. 5: Befestigung der Lamellen am Stiel: a — angewachsen, b — abgerundet angewachsen, c — frei, d — abgesetzt, e — mit Zähnchen ausgeschnitten, f — mit Zähnchen herablaufend, g — etwas herablaufend, h — weit herablaufend, i — mit einem Kragen befestigt

stehend, dünn oder dick und können einen unterschiedlichen Ansatz am Stiel haben (siehe Abb. 5). Ein wichtiges Merkmal ist auch die Schneide der Lamellen und man achtet darauf, ob sie ganz, ausgebuchtet, gekerbt, gezähnt, zackig oder flockig ist. Ein sehr wichtiges Merkmal ist die Farbe der Lamellen, die weiß, creme, ocker, rosa, fleischrot, gelb, blau, violett, grün, hellbraun, dunkelbraun oder schwarz sein kann. Bei einigen Gattungen der Blätterpilze ändert sich die ursprüngliche Farbe der Lamellen mit dem Reifen der Fruchtkörper je nachdem, wie die reifenden und ausgereiften Sporen gefärbt sind. Diese Erscheinung kann man beispielsweise bei den Gattungen der Scheidlinge z. B. *Volvariella,* Rötlinge z. B. *Entoloma,* Egerlinge z. B. *Agaricus,* Dickfüße z. b. *Cortinarius,* Schwefelköpfe z. B. *Hypholoma* u. a. beobachten. Die Fruchtkörper einiger Arten der Dickfüße haben jung blaue, grüne, violette, gelbe, creme oder ockerfarbene Lamellen, an den reifen Fruchtkörpern jedoch färben die Sporen die Lamellen braun oder rostfarben.

Die Röhren sind entweder kurz oder lang, ablösbar oder nicht ablösbar vom Hutfleisch, am Stiel angewachsen, ausgeschnitten, frei, abgesetzt oder herablaufend. Die Farbe der Röhren ist meist weiß, gelb, ocker, gelbgrün, oliv, gelbbraun oder graurosa. Mit dem allmählichen Reifen der Fruchtkörper ändert sich gewöhnlich die Farbe der Röhren. Diese kann sich bei vielen Arten auch infolge des Kontaktes mit Luftsauerstoff ändern. Die Röhrenmündungen nennt man Poren. Man achtet dabei vor allem auf ihre Gestalt, Größe und Farbe. Die Farbe der Poren kann sich in den verschiedenen Entwicklungsstadien ändern und muß nicht immer mit der Farbe der Röhren übereinstimmen. Bei manchen Arten bleiben an Druckstellen blaue, braune und braunrosa Flecken an den Poren zurück.

Der Stiel hebt und trägt den Hut während der Entwicklung des Fruchtkörpers. Je nach Befestigung am Hut unterscheidet man einen mittigen (zentralen), außermittigen (exzentrischen) und seitlichen (lateralen) Stiel. Am Stiel achtet man vor allem auf seine Form, Größe, Oberfläche und Farbe.

Die Form des Stiels kann faßartig, bauchig, keulenförmig, zylindrisch, spindelförmig oder auch kegelförmig sein (siehe Abb. 6). Ein sehr wichtiges Merkmal ist der Abschluß des basalen Stielteils, der meist stumpf, abgerundet, kegelförmig, zugespitzt, knollig oder wurzelartig verlängert ist.

Die Stieloberfläche kann glatt, runzelig, gerieft, grubig, gerippt oder genetzt, kahl, samtig, flockig oder schuppig, schmierig, klebrig oder trocken, glänzend oder matt sein. Sie kann einfarbig oder in einer reichen Farbskala verschiedenartig gefärbt sein.

Das Innere des Stiels ist voll oder hohl, die Konsistenz seines Fruchtfleisches kann fest, weich, bröckelig, wässerig, lederartig, elastisch, knorpelig usw. sein.

Die Hülle (Velum) ist bei der Entwicklung einiger Hutpilze sehr deutlich (siehe Abb. 7). Man unterscheidet zweierlei Hüllen — die Allgemeinhülle und die Teilhülle.

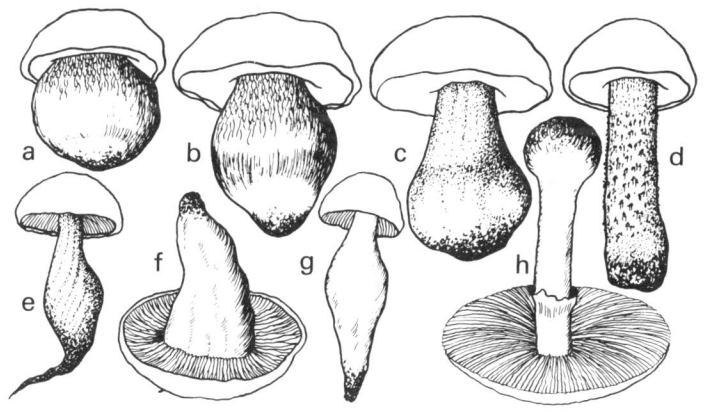

Abb. 6: Verschiedene Stielformen:
a — fäßchenförmig, b — bauchig, c — keulenförmig, d — zylindrisch, e — spindelförmig, wurzelnd, f — kegelförmig, g — spindelförmig, h — zylindrisch mit knolliger Basis

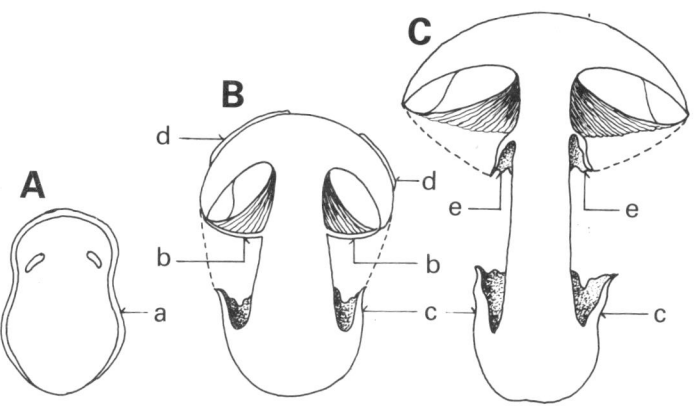

Abb. 7: Entwicklungsschema eines Grünen Knollenblätterpilzes:
A — embryonales Stadium (der gesamte Fruchtkörper ist von der Außenhülle umgeben), B — Stadium nach dem Aufreißen der Allgemeinhülle (Reste der Allgemeinhülle bleiben an der Stielbasis als lose Scheide und am Hut seltener als große Fetzen zurück), C — voll entwickelter Fruchtkörper mit aufgerissener Teilhülle, a — Allgemeinhülle, b — Teilhülle, c — Reste der Allgemeinhülle an der Stielbasis (lose häutige Scheide), d — Reste der Allgemeinhülle am Hut (Fetzen), e — Rest der Teilhülle am Stiel (Ring)

Die Allgemeinhülle (Velum generale) bedeckt jung den gesamten Fruchtkörper. Mit dem Wachsen des Fruchtkörpers zerreißt sie und läßt an Hut und Stielbasis Reste in verschiedenen Formen zurück.

Die Teilhülle (Velum partiale) verbindet jung den Rand des Hutes mit dem Stiel und bedeckt die Lamellen oder Röhren. Nach ihrem Aufreißen bleiben manchmal zottige Reste am Hutrand und ein Ring am Stiel zurück.

Das Fruchtfleisch (Trama) der Fruchtkörper ist ein sehr wichtiges Merkmal bei der Bestimmung von Pilzen. Man achtet dabei auf seine Konsistenz, Farbe und Farbveränderungen bei dem Kontakt mit Luftsauerstoff. Nicht minder wichtig sind auch Geschmack und Geruch des Fruchtfleisches. Bei den Reizkern sind auch Farbe und Geschmack der vom Fleisch und den Lamellen ausgeschiedenen Milch zu bestimmen.

Der Sporenstaub gibt uns eines der wichtigsten systematischen Merkmale, das auch mit bloßem Auge erkannt werden kann. Man gewinnt ihn aus gut entwickelten Fruchtkörpern, indem man den Hut unterhalb der Lamellen, Röhren oder Stacheln abschneidet und ihn mit dem Hymenophor auf sauberes weißes Papier (bei hellsporenden Arten dunkles Papier) legt. Nach einigen Stunden erscheint auf dem Papier eine Schicht Sporenstaub. Seine Färbung ist charakteristisch für die entsprechende Pilzfamilie oder -gattung. Der Sporenstaub muß in einer ausreichend dicken Schicht gewonnen werden und seine Farbe wird frisch bestimmt, da sich beim Austrocknen der Farbton oftmals ändert.

Der Körper der höheren Pilze besteht aus Zellen, die man Hyphen nennt. Die Hyphen sind querverbundene Fasern von 2—20 µm Dicke, sie sind verschieden angeordnet. Aus ihnen besteht das Myzel und der Fruchtkörper. Die Wände der Hyphen sind oft perforiert, so daß die Zellflüssigkeit (Protoplasma) des gesamten Pilzes meist eine Einheit bildet.

Die sporenbildende Schicht der Ständerpilze (Basidiomyceten) nennt man Hymenium (siehe Abb. 8). An den Lamellen, in den Röhren oder an den Stacheln bilden sie vor allem die eigentlichen fruchtbaren Organe — die Basidien. Es sind einzellige (manchmal auch mehrzellige) Gebilde, die meistens keulenförmig sind. An den Basidien bilden sich Sporen. Die Sporen sind mit dem Basidium durch dünne kurze Stiele, die Sterigmen genannt werden, verbunden. An dem Basidium entwickeln sich gewöhnlich 4 Sporen, die nach dem Ausreifen von den Sterigmen abfallen. Außer den Basidien befinden sich in dem Hymenium regelmäßig auch die unfruchtbaren Organe der Basidiolen, die in ihrer Form fast nicht von den Basidien zu unterscheiden sind. Für einige Pilzgattungen und -arten sind im Hymenium besondere sterile Organe typisch — die Zystiden, die entweder aus dem Hymenium oder direkt aus dem Trama wachsen. Zystiden haben unterschiedliche Form, meist sind sie spindelförmig, keulenförmig, flaschenförmig oder zylindrisch und gewöhnlich ragen sie auffällig über die Oberfläche des Hymeniums hinaus. Form, Größe und Farbe dieser Organe sind sehr

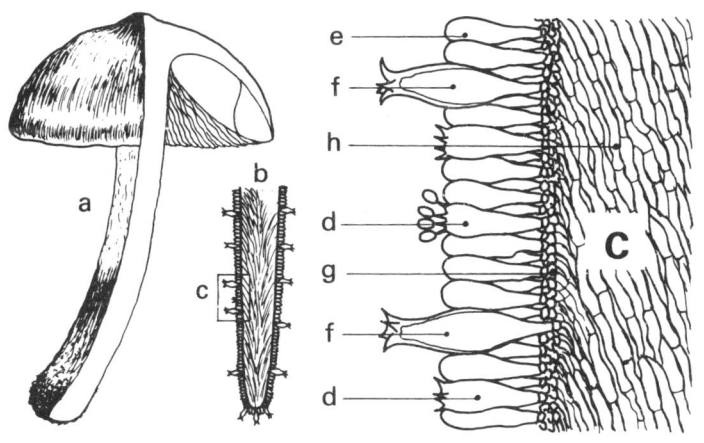

Abb. 8: Struktur des Hymeniums eines Blätterpilzes: a — Fruchtkörper, b — Querschnitt durch eine Lamelle, c — Ausschnitt aus einem Teil des Hymeniums, d — Basidium, e — Basidiole, f — Zystide, g — Subhymenium, h — Trama einer Lamelle

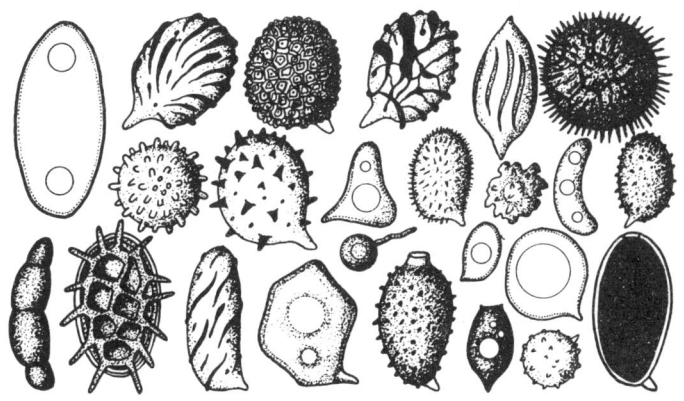

Abb. 9: Verschiedene Sporentypen der Schlauch- und Ständerpilze

wichtige Merkmale bei der Unterscheidung einiger Gattungen und Arten der Ständerpilze.

Unter dem etwa 10—80 µm dicken Hymenium befindet sich noch eine dünne Schicht, das Subhymenium und unter diesem das Trama der Lamelle oder eines anderen hymenophoren Gebildes. Das Trama der Lamellen unterscheidet sich je nachdem wie die Hyphen, die dieses Trama bilden, angeordnet sind.

Im Unterschied zu den Ständerpilzen heißt die sporenerzeugende Schicht der Schlauchpilze (Ascomyceten) aus der Ordnung der Becherlinge (Pezizales) Thecium. Das Thecium ist gewöhnlich an der Innenseite der schüsselförmigen Fruchtkörper (Apothecien) oder an der Oberseite der lappigen oder grubigen Hüte und besteht aus Schläuchen und Paraphysen. Die Schläuche sind meist zylindrische oder keulenförmige Zellen, in denen die Sporen gebildet werden. Nach Öffnen der Spitze des Schlauches gelangen die Sporen nach außen. Den Raum zwischen den Schläuchen füllen sterile Fasern, die sogenannten Paraphysen aus.

Die Sporen der Ständer- und Schlauchpilze (siehe Abb. 9) haben unterschiedliche Form, Oberfläche, Farbe und Größe. Diese Eigenschaften sind für die Bestimmung der Gattungen und Arten der Pilze sehr wichtig. Die Sporen besitzen einige Hautschichten, die das Cytoplasma umhüllen.

Das Längenmaß beim Messen der Sporen und anderer mikroskopischer Organe ist der Mikrometer µm = 1/1000 Millimeter.

System und Nomenklatur der Pilze

Pilze ordnet man genau wie andere Organismen in ein bestimmtes System ein, um die Artenvielfalt überblicken zu können. Die Pilzsystematik ist noch immer in der Entwicklung und Veränderung und wird nach neuesten wissenschaftlichen Erkenntnissen immer mehr vervollkommnet. Während die älteren Pilzsysteme einen recht künstlichen Charakter hatten und meist auf der Ähnlichkeit der morphologischen Merkmale der Fruchtkörper beruhten, sucht man in den modernen Systemen eine natürlichere, genetische Verwandtschaftsbeziehung der einzelnen Pilzgruppen herzustellen, ähnlich wie es in der Zoologie und der Botanik der höheren Pflanzen üblich ist.

Nach Strasburger wird die Abteilung der Pilze *Mycophyta* in 5 Klassen eingeteilt.

Zur ersten Klasse gehören die Schleimpilze *Myxomycetes*. Das sind primitivé blattgrünlose Organismen, die vorwiegend saprophytisch, seltener auch parasitisch leben. Sie bilden vielkernige Protoplasmamassen (Plasmodien), aus denen sich im Reproduktionsstadium verschiedenartige Fruchtkörper (Sporangien oder Etalien) mit den der Vermehrung dienenden Sporen bilden. Sie wachsen meist an moderndem Holz, feuchtem Humus, Fallaub und anderen Pflanzenresten. Für den Pilzsammler sind sie ohne Bedeutung.

Die zweite Klasse der Algenpilze *Phycomycetes* umfaßt die sogenannten niederen Pilze. Dies sind mikroskopisch-kleine einzellige Organismen mit einem oder mehreren Zellkernen. Während die primitiveren Arten aus schlauchförmigen vielkernigen Zellen bestehen, und ihre beweglichen Sporen und Geschlechtszellen je eine Geißel am hinteren Ende tragen, besitzen die höheren Arten faserige, mehr oder weniger verzweigte Hyphen, die mit Ausnahme weniger Formen keine Querwände besitzen. Sie vermehren sich ungeschlechtlich durch bewegliche Sporen, die zwei Geißeln tragen. Die höchsten Arten haben gut entwickelte Hyphen ohne Querwände und unbewegliche Sporen. Diese Organismen leben meist im Wasser oder auf dem Land und sind sehr wichtig für die Humusbildung. Viele von ihnen leben auch als Parasiten auf Kulturpflanzen. Für den Pilzsammler sind die Pilze dieser umfassenden Klasse jedoch ohne Bedeutung.

Die dritte Klasse bilden die Schlauchpilze *Ascomycetes*. Die niederen Arten der Schlauchpilze sind ein- oder mehrzellige mikroskopisch-kleine Organismen, die sich durch Sprossung vermehren. Sie leben entweder als Saprophyten im Boden, auf Pflanzenresten, in Verdauungsorganen und Absonderungen von Tieren oder als Parasiten auf höheren Pflanzen. Für Pilzsammler haben sie keine Bedeutung. Die höheren Typen der Schlauchpilze haben gut entwickelte Hyphen mit Querwänden. Die Zellen der Hyphen sind einkernig. Sie bilden verschiedenartige Fruchtkörper, in denen an den Enden der Hyphenfasern Schläuche mit unbeweglichen Sporen entstehen. Sie leben als Saprophyten auf Pflanzen oder Tierresten oder als Parasiten auf höheren Pflanzen. Zu dieser Klasse, die eine große Artenvielfalt aufweist, zählen einige der Pilze, die für den Pilzsammler Bedeutung haben (z. B. Morcheln oder Trüffel).

Zur vierten und höchstentwickeltsten Klasse gehören die Ständerpilze *Basidiomycetes*. Sie besitzen recht gut entwickelte Hyphen mit Querwänden. Ihre Zellen haben je zwei Zellkerne. An den vielgestaltigen Fruchtkörpern entstehen im Hymenium Basidien, an denen sich unbewegliche Sporen befinden. Während die niederen Arten der Ständerpilze quer- oder längsgeteilte Basidien besitzen, haben die höheren Arten einfache, ungeteilte Basidien. Die Ständerpilze leben vorwiegend als Saprophyten und nur selten als Parasiten. Zu dieser Klasse gehören die meisten Pilze, die für den Pilzsammler in Frage kommen.

In eine fünfte (Hilfs-) Klasse ordnet man die unvollendeten Pilze *Deuteromycetes* ein. Sie besitzen ebenso wie die Schlauch- und Ständerpilze gut entwickelte Querwandhyphen. Da aber ihre geschlechtliche Vermehrung nicht bekannt ist, ist man nicht sicher, ob sie zu den Schlauch- oder

Ständerpilzen zählen. Das System der unvollendeten Pilze oder „Fungi imperfecti" stützt sich nicht auf eine natürliche genetische Verwandtschaft der Organe, sondern nur auf ihre morphologische Ähnlichkeit und ist somit künstlich. Die Pilzarten dieser Klasse haben für den Pilzsammler keine Bedeutung und sind nur vom phytopathologischen Gesichtspunkt aus interessant.

Neben den nationalen Bezeichnungen der Pilze wird in der modernen populärwissenschaftlichen Literatur auch die wissenschaftliche Bezeichnung angegeben, da die nationalen Namen in der Mehrzahl der Länder uneinheitlich sind und dies oftmals zu irreführenden Interpretationen der Art führt.

Jede Pilzart hat genau wie die Tiere und höheren Pflanzen einen eigenen wissenschaftlichen Namen. Der Artname besteht immer aus zwei Worten (binomisch), aus dem Gattungsnamen (Substantiv) und dem Artnamen (Attribut). Der erste Name ist immer der Gattungsname und wird groß geschrieben. Die wissenschaftliche Namensgebung der Pilze muß sich streng an international vereinbarte Nomenklaturregeln halten.

Hinter dem wissenschaftlichen Namen des Pilzes wird immer der Name oder die Abkürzung des Namens desjenigen Autors angegeben, der den Pilz zum ersten Mal beschrieben hat (Prioritätsrecht). Grundlage für die wissenschaftliche Benennung der Pilze sind zwei Arbeiten. Die Persson'sche „Synopsis methodica fungorum" aus dem Jahre 1801 gilt für Bauchpilze *Gasteromycetes* und das Fries'sche „Systema mycologicum" aus dem Jahre 1821 für alle anderen Pilze. Pilznamen älterer Autoren werden nur dann respektiert, wenn sie von Persson oder Fries in ihren Arbeiten angeführt wurden. Beispielsweise wurde die Hohe Morchel zum ersten Mal von Fries im Jahre 1821 beschrieben und deshalb lautet ihr richtiger wissenschaftlicher Name *Morchella elata* Fr. Den Netzstieligen Hexen-Röhrling hat zum ersten Mal im Jahre 1873 Schaeffer beschrieben und seine Bezeichnung wurde von Fries im „Systema mycologicum" 1821 akzeptiert. Der richtige wissenschaftliche Name dieses Pilzes lautet somit *Boletus luridus* Schaeff. ex. Fr.

Bei einer Zuordnung derselben Art in eine andere oder neue Gattung wird der Name des ursprünglichen Autors in Klammern gesetzt und der Name des Neuordnenden hinter der Klammer aufgeführt. Beispielsweise wurde von Klotzsch 1832 der Goldgelbe Lärchen-Röhling als *Boletus grevillei* beschrieben. Singer hat diesen Pilz 1945 in die Gattung Suillus eingeordnet und somit lautet der richtige Name dieses Pilzes *Suillus grevillei* (Klotzsch) Sing.

Wenn eine Pilzart von zwei oder mehreren Autoren unabhängig voneinander unter verschiedenen Namen beschrieben wurde, muß richtigerweise der Name verwendet werden, der zuerst veröffentlicht wurde. Alle weiteren Namen gelten als Synonyme.

Wie sammelt man Pilze

Man sollte grundsätzlich nur die Pilze sammeln, die man nach Hause mitnehmen will. Arten, an denen man nicht interessiert ist, sollte man nicht zerstören. Vielleicht hat ein anderer, der später kommt, Interesse an ihnen. Darüberhinaus haben auch nicht eßbare Pilze eine wichtige Rolle im Kreislauf der Natur.

Die Fruchtkörper der Pilze werden ganz gesammelt und zwar in der Weise, daß man sie am Stiel anfaßt und mit einer Drehbewegung lockert, bis sie sich vom Substrat völlig ablösen. Für den Transport der gesammelten Pilze eignet sich am besten ein Korb. Ist der Stiel zart und brüchig, behilft man sich so, daß man mit einem Messer oder mit den Fingern unter seinen unterirdischen Teil faßt und ihn mit leichtem Druck von unten nach oben aus der Erde hebt. Die zurückbleibende Vertiefung bedeckt man mit Humus oder Moos, das man fest andrückt, damit das freigelegte Myzel nicht unnötig austrocknet. Vor dem Einlegen in den Korb säubert man die Pilze von Erdresten und anderen Verunreinigungen. Von den Butterpilzen und Schmierlingen beseitigt man die schmierige Oberhaut des Hutes an Ort und Stelle, damit der Schleim die anderen Pilze nicht verunreinigt. Die gesammelten Pilze legt man nach Möglichkeit so in den Korb, daß feste, fleischige Fruchtkörper zuunterst liegen und weiche oder brüchige oben, damit sie nicht brechen oder bröckeln.

Pilzsucher sind oft im Zweifel, ob es richtiger ist, ganze Fruchtkörper einschließlich der Stielbasis aus der Erde herauszuheben oder die Stiele über der Erde abzuschneiden. Man kann sagen, daß beide Arten gut sind, aber es empfiehlt sich, lieber den ganzen Fruchtkörper mit der Stielbasis aus der Erde zu heben. Unbekannte Pilze, die Pilzsucher Fachleuten zur Bestimmung bringen wollen, werden grundsätzlich ganz aus dem Substrat herausgenommen, damit alle für eine genaue Identifizierung erforderlichen morphologischen Merkmale erhalten bleiben.

Zuhause angekommen werden die Pilze sofort verarbeitet, solange sie noch frisch sind, da sie leicht verderben. Sie werden gründlich gesäubert, zum Trocknen zerschnitten, zum Einlegen vorbereitet oder zum sofortigen Verzehren zubereitet. Die gesäuberten und zerschnittenen frischen Pilze kann man auch in einen Kühlschrank legen, aber sobald sie aus dem Kühlschrank genommen werden, müssen sie sofort zubereitet und verzehrt werden.

Wann und wo sammelt man Pilze

Pilze kann man fast das ganze Jahr hindurch sammeln, wenn auch die Hauptsaison etwa von Mai bis Ende November reicht. In milden Wintern ohne starke Fröste kann man auch in dieser Jahreszeit einige gute Pilzarten zur Bereicherung des Speisezettels finden. Zu den sogenannten Winterpilzen rechnet man vor allem den Austern-Seitling *Pleurotus ostreatus* und den Samtfuß-Rübling *Flammulina velutipes*. Diese beiden Arten sind holzbewohnende Pilze und wachsen meist in dichten Büscheln an Laubbäumen.

In der Hauptpilzsaison unterscheidet man typische Frühjahrs-, Sommer- und Herbstpilze. Zu den häufigsten eßbaren Frühjahrsarten gehören der März-Ellerling *Hygrophorus marzuolus*, verschiedene Morchelarten *Morchella*, die Böhmische Verpel *Verpa bohemica*, der Frühlings- oder Schild-Rötling *Entoloma clypeatum*, der Maipilz *Calocybe gambosa* und von den giftigen Arten muß die Frühjahrs-Lorchel *Gyromitra esculenta* genannt werden.

Zu den typischen Sommerspeisepilzen gehören verschiedene Röhrenpilze, z. B. der Sommer-Steinpilz *Boletus aestivalis*, der Königs-Röhrling *Boletus regius*, der Gelbe Bronze-Röhrling oder Anhängsel-Röhrling *Boletus appendiculatus*, die schmackhaftesten Täublingsarten wie z. B. der Speise-Täubling *Russula vesca*, der Frauen-Täubling *Russula cyanoxantha*, der Gefelderte Grün-Täubling *Russula virescens*, ferner der Parasol *Macrolepiota procera*, der Kaiserling *Amanita caesara*, die Ziegenlippe oder Filziger Röhrling *Xerocomus subtomentosus*. Von den giftigen Arten wachsen im Sommer vor allem der Grüne Knollenblätterpilz *Amanita phalloides*, der Pantherpilz *Amanita pantherina*, der Riesen-Rötling *Entoloma sinuatum* und der Ziegelrote Rißpilz *Inocybe patouillardii*.

Das reichhaltigste Sortiment an Pilzen weist der Herbst auf, von denen hier einige der schmackhaftesten Speisepilze genannt werden sollen. Das sind der Echte Steinpilz *Boletus edulis*, der Kiefern-Steinpilz *Boletus pinophilus*, der Lilastielige Rötelritterling *Lepista saeva*, der Violette Rötelritterling *Lepista nuda*, der Grünling *Tricholoma flavovirens*, der Schwarfaserige Ritterling *Tricholoma portentosum*, der Echte Reizker *Lactarius deliciosus*, die Espen-Rotkappe *Leccinum aurantiacum*, der Birkenpilz *Leccinum scabrum*, der Maronen-Röhrling *Xerocomus badius*, verschiedene Egerlinge (champignonarten) *Agaricus*, Butterpilze *Suillus* und Schmierlinge *Gomphidius*. Von den giftigen Arten wachsen vor allem der Pantherpilz *Amanita pantherina*, der Rote Fliegenpilz *Amanita muscaria*, der Feld-Trichterling *Clitocybe dealbata*, der Bleiweiße Trichterling *Clitocybe cerussata*, der Gift-Hautkopf *Cortinarius orellanus* und der Kahle Krempling *Paxillus involutus*.

Bestimmte Pilzarten wachsen ständig vom Frühjahr bis zum Spätherbst. Von den eßbaren sind das vor allem der Nelken-Schwindling *Marasmius oreades*, Pfifferlinge *Cantharellus cibarius*, Stockschwämmchen *Kuehneromyces mutabilis* und der Schopf-Tintling *Coprinus comatus*.

Das Wachstum der Fruchtkörper der Pilze wird von verschiedenen Faktoren beeinflußt. Als wichtigste sind die Periodizität des Ansetzens der Fruchtkörper (Fruktifikation), ausreichende Feuchtigkeit und angemessene Temperatur zu nennen. In Jahren mit normalen Witterungsbedingungen erscheinen jeweils viele Pilze zwischen Mitte Juni und Mitte Juli und danach von September bis Ende November. In diesem zweiten, dem Herbstteil der Saison wachsen die meisten Pilze sowohl hinsichtlich der Menge als auch hinsichtlich des Sortiments. Bei außerordentlichen Witterungsbedingungen kann sich das Auftreten einiger Pilzarten beträchtlich verschieben.

Das Vorkommen bestimmter Pilzarten ist an verschiedene Pflanzengemeinschaften gebunden und wichtig ist dabei auch die geologische Unterlage. In Gebirgsnadelwäldern begegnet man meist ganz anderen Pilzen als in Flachlandlaubwäldern und ein ähnlicher Unterschied in dem Vorkommen der Pilze besteht auch zwischen Bergweiden und Flachlandwiesen. Für einige Pilzarten sind kalkhaltige Böden, für andere saure Böden geeignet. Jedoch gibt es auch viele Pilzarten, die man fast überall findet, sie stellen keine besonderen Ansprüche an die Bodenstruktur.

In den Gebirgsnadelwäldern findet man von den eßbaren Arten vor allem den Echten Steinpilz *Boletus edulis*, den Echten Reizker *Lactarius deliciosus*, Pfifferlinge *Cantharellus cibarius*, den Goldgelben Lärchen-Röhrling *Suillus grevillei*, den Flockenstieligen Hexen-Röhrling *Boletus erythropus*, den Möhrling *Catathelasma imperiale*, den Rotstieligen Leder-Täubling *Russula olivacea* und den Maronen-Röhrling *Xerocomus badius*.

Von den giftigen Arten wachsen hier der Spitzhütige Knollenblätterpilz *Amanita virosa*, der Rote Fliegenpilz *Amanita muscaria*, der Königs-Fliegenpilz *Amanita regalis* und der Tannen-Pantherpilz *Amanita pantherina* var. *abietinum*.

In den Vorgebirgsnadel- oder auch Laubwäldern findet man von den eßbaren Pilzen vor allem den Gemeinen Hallimasch *Armillariella mellea*, den Zigeuner *Rozites caperata*, die Goldgelbe Koralle *Ramaria aurea*, die Rötliche Koralle *Ramaria botrytis*, den Habichtspilz *Hydnum imbricatum*, den Semmel-Stoppelpilz *Dentinum repandum*, den Gelben Rauhfuß *Leccinum nigrescens*, den Kiefern-Steinpilz *Boletus pinophilus*, den Weißen Anis-Egerling oder Schaf-Champignon *Agaricus arvensis*, den Mehlpilz *Clitopilus prunulus* und viele andere.

Die Flachlandeichenwälder sind z. T. reich an Sommer-Steinpilzen *Boletus aestivalis*, Netzstieligen Hexen-Röhrlingen *Boletus luridus*, Eichen-Rotkappen *Leccinum quercinum*, Ziegenlippen *Xerocomus subtomentosus*, Pfifferlingen *Cantharellus cibarius* und verschiedenen schmackhaften Täublingen *Russula*.

In den Flachlandkiefernwäldern findet man vor allem den Grünling *Tricholoma flavovirens*, den Schwarzfaserigen Ritterling *Tricholoma portentosum*, den Maronen-Röhrling *Xerocomus badius*, den Echten Riesen-Reizker *Lacta-*

rius deliciosus var. *pini*, den Parasol- oder Riesen-Schirmpilz *Macrolepiota procera*, den Kupferroten Gelbfuß *Gomphidius rutilus*, den Wald-Egerling *Agaricus silvaticus* und den Perlpilz *Amanita rubescens*.

In feuchten Auenwäldern findet man verschiedene Morchelarten *Morchella*, die Böhmische Verpel *Verpa bohemica*, den Harten Rauhfuß-Röhrling *Leccinum duriusculum*, die Espen-Rotkappe *Leccinum aurantiacum* und den Schopf-Tintling *Coprinus comatus*.

In Laubwäldern wärmerer Gebiete findet man von den eßbaren Pilzarten den Königs-Röhrling *Boletus regius*, den Schwarzhütigen Steinpilz *Boletus aereus* und den Kaiserling *Amanita caesara*. Von den giftigen Arten kommen der Satanspilz *Boletus satanas*, der Dunkle Purpur-Röhrling *Boletus rhodoxanthus*, der Leuchtende Ölbaumpilz *Omphalotus olearius* und der Grüne Knollenblätterpilz *Amanita phalloides* vor.

Auf Wiesen kann man Maipilze *Calocybe gambosa*, Lilastielige Rötelritterlinge *Lepista saeva*, Veilchen-Rötelritterlinge *Lepista irina*, Wiesen-Egerlinge *Agaricus campestris*, Nelken-Schwindlinge *Marasmius oreades* und Hasen-Stäublinge *Calvatia utriformis* finden.

In Gärten und Parkanlagen wachsen verschiedene Arten Egerlinge oder Champignons *Agaricus*, der Büschel-Rasling *Lyophyllum decastes*, der Austern-Seitling *Pleurotus ostreatus*, der Frühlings-Rötling *Entoloma clypeatum*, der Nelken-Schwindling *Marasmius oreades* und der Riesen-Bovist *Langermannia gigantea*.

Vorsicht bei Giftpilzen

Pilzvergiftungen sind vermeidbar, denn sie wurzeln entweder in Unkenntnis der Pilze oder in einer Oberflächlichkeit bei der Bestimmung der einzelnen Arten. Es gibt nur wenige giftige Pilze, die tödliche oder schwere Vergiftungen verursachen. Deshalb sollte jeder, der Speisepilze sammeln will, zunächst die Giftpilze kennenlernen, die gefährliche Vergiftungen verursachen können und mit Speisepilzen zu verwechseln sind.

Man sollte immer nur die Pilzarten sammeln, die man genau kennt.

Es gibt keine allgemeingültige Regel, zwischen eßbaren und giftigen Pilzen zu unterscheiden. Früher glaubte man, daß Silberbestecke oder Zwiebeln schwarz würden, wenn sie mit giftigen Pilzen in Berührung kommen. Dies ist Unsinn. Ebenfalls falsch ist die Vorstellung, daß Giftpilze einen beißenden oder bitteren Geschmack haben oder unangenehm riechen. Die gefährlichsten Giftpilze wie z. B. der Grüne Knollenblätterpilz *Amanita phalloides*, der Pantherpilz *Amanita pantherina* oder der Riesen-Rötling *Entoloma sinuatum* haben nämlich einen milden Geschmack und nur einen unbedeutenden Geruch. Auch die Behauptung, daß Pilze, die von Schnecken angefressen oder von Insektenlarven befallen werden, nicht giftig sind, hält nicht stand. Oft findet man den Grünen Knollenblätterpilz von Schnecken zerfressen und den Riesen-Rötling von Insektenfraß ganz durchlöchert. Der wirksamste Schutz vor Giftpilzen ist, sie mit Sicherheit zu kennen.

Der gefährlichste Giftpilz ist der Grüne Knollenblätterpilz *Amanita phalloides* und seine beiden Verwandten — der Weiße Knollenblätterpilz *Amanita verna* und der Spitzhütige Knollenblätterpilz *Amanita virosa*. Diese drei Pilze verursachen die meisten tödlichen Vergiftungen. Da der Grüne Knollenblätterpilz weiter verbreitet ist als seine zwei verwandten Arten, ist er auch die häufigste Ursache von tödlichen Vergiftungen.

Der Grüne Knollenblätterpilz ist deshalb besonders gefährlich, weil die ersten Anzeichen einer Vergiftung erst 8—13 Stunden nach seinem Genuß auftreten. Es zeigen sich zunächst Unwohlsein, Schwäche, Kopfschmerzen, Schwindelanfälle und kalte Schweißausbrüche. Darauf folgen heftiges Erbrechen und Durchfall, der 2—3 Tage anhalten kann und den Patienten sehr schwächt. Nach scheinbarer Besserung des Zustandes stellen sich nach einigen Stunden jähe Bauchschmerzen, Gelbsucht, Bewußtlosigkeit ein, die zum Tode führen. In leichteren Fällen erholt sich der Patient sehr langsam und die Folgen der Vergiftung sind an ihm sehr lange, oft bis an sein Lebensende zu beobachten.

Häufig sind auch Vergiftungen mit dem Pantherpilz *Amanita pantherina*. In den meisten Fällen sind sie jedoch nicht tödlich, tödlich sind etwa 10—15 % der Vergiftungen. Vergiftungen durch den Pantherpilz können erfolgreich behandelt werden, wenn dem Kranken schnelle ärztliche Hilfe zuteil wird.

Eine ähnliche, meist schwächere Vergiftung verursacht auch der Rote Fliegenpilz *Amanita muscaria* und sein Verwandter, der Königs-Fliegenpilz *Amanita regalis*. Die Vergiftungen mit dem Roten Fliegenpilz sind jedoch sehr selten, da ihn jedermann gut kennt und meidet.

Schwächer giftig sind auch der Narzissengelbe Wulstling *Amanita gemmata* und der Porphyrbraune Wulstling *Amanita porphyria*.

Sehr giftig ist der Riesen-Rötling *Entoloma sinuatum*. Die Vergiftungsmerkmale treten bereits nach 20—30 Minuten, spätestens nach 2—4 Stunden auf. Der Kranke erbricht, hat heftige Durchfälle, Magen- und Kopfschmerzen, Durstgefühl und wird sehr schwach. Bei leichteren Vergiftungen gehen diese Begleiterscheinungen sehr langsam zurück, völlig verschwinden sie jedoch erst nach einigen Tagen. In größeren Menge genossen kann der Riesen-Rötling auch tödliche Vergiftungen bewirken.

Neben dem Riesen-Rötling sind auch weitere Arten dieser Gattung giftig, beispielsweise der Niedergedrückte Rötling *Entoloma rhodopolium* oder der Alkalische Rötling *Entoloma nidorosum*.

Von den Hautköpfen ist der Gift-Hautkopf *Cortinarius orellanus* stark giftig. Die ersten Vergiftungsanzeichen zeigen sich meist erst sehr spät (nach 3—14 Tagen). Die Giftstoffe des Gift-Hautkopfes schädigen vor allem Nieren und Leber. Erstes Anzeichen der Vergiftung ist großer Durst, ein trockener und brennender Mund. Dann kommen Übelkeit, Erbrechen, Kopfschmerzen und Bauchschmerzen, Verstopfung und Schüttelfrost hinzu. Die Vergiftungserscheinungen steigern sich und in 2—3 Wochen, manchmal erst nach einigen Monaten tritt der Tod ein. Bei leichteren Vergiftungen dauert die Genesung des Patienten sehr lange, oft einige Wochen und Monate.

Unter den Rißpilzen *Inocybe* gibt es mehrere giftige Arten, z. B. den Kegeligen Rißpilz *Inocybe fastigiata*, den Seidigen Rißpilz *Inocybe geophylla* und viele andere. Der giftigste von ihnen ist jedoch der Ziegelrote Rißpilz *Inocybe patouillardii*. Die Merkmale der Vergiftung treten meist bereits nach 15—30 Minuten in Form von Übelkeit, kaltem Schweiß, Schüttelfrost, Erbrechen und Durchfall ein. Begleiterscheinungen der Vergiftung sind Atemnot, Herzbeschwerden, Schwindelanfälle und Sehstörungen. Alle diese unangenehmen Gefühle erlebt der Kranke bei vollem Bewußtsein. Bei einer sehr schweren Vergiftung kann der Tod bereits nach wenigen Minuten durch Lähmung der Herztätigkeit oder Ersticken eintreten.

Aus der Gattung der Ritterlinge *Tricholoma* ist der Tiger-Ritterling *Tricholoma pardalotum* der giftigste. Er verursacht sehr schmerzhafte Vergiftungen, die schon nach einer Stunde einsetzen. Der Betroffene klagt über Krämpfe, Übelkeit, Erbrechen, Durchfall, Bauch- und Kopfschmerzen. Diese Begleiterscheinungen dauern 2—6 Stunden an. Obwohl die Vergiftung keine dauernden Folgen hinterläßt, ist sie sehr unangenehm. Zu den Ritterlingen gehören noch weitere giftige Arten wie beispielsweise der Getropfte Ritterling *Tricholoma pessundatum*, der Grüngelbe Ritterling *Tricholoma sejunctum* und der Schwefel-Ritterling *Tricholoma sulphureum*.

Von der geringen Zahl holzbewohnender Giftpilze sind die bekanntesten der Leuchtende Ölbaumpilz *Omphalotus olearius* und der Grünblättrige Schwefelkopf *Hypholoma fasciculare*. Während die Vergiftung mit dem Leuchtenden Ölbaumpilz relativ leicht ist, kann die Vergiftung mit dem Grünblättrigen Schwefelkopf schwerere Folgen haben.

Sehr gefährliche Vergiftungen kann die Frühjahrs-Lorchel *Gyromitra esculenta* verursachen. Das ist ein sehr heimtückischer Pilz vor allem deshalb, weil ihn viele Menschen lange Jahre ohne Folgen essen, während er bei anderen sehr schwere bis tödliche Vergiftungen besonders bei Kindern hervorruft. Der toxische Stoff, den der Fruchtkörper der Frühjahrs-Lorchel enthält, ist bisher nicht genügend erforscht und wird als „Gyromitrin" bezeichnet. Einige Wissenschaftler glauben, daß er sich in alten Fruchtkörpern wahrscheinlich durch die zersetzende Tätigkeit der Mikroorganismen bildet. Das Abbrühen der Fruchtkörper vor der Zubereitung der Speisen, wie es früher empfohlen wurde, ist unwirksam!

Vor einigen Jahren kam der Kahle Krempling *Paxillus involutus*, der in der älteren Pilzliteratur gewöhnlich als eßbarer Pilz angegeben wurde, auf die Liste der Giftpilze. Seit 1973 tauchten mehrere Angaben über Vergiftungen mit dem Kahlen Krempling auf und Wissenschaftler stellten fest, daß ein häufiger Genuß dieses Pilzes zu einer Zersetzung der roten Blutkörperchen führen kann.

Der Satanspilz *Boletus satanas* ist nur in rohem oder ungenügend gekochtem Zustand giftig. Auch wenn die Vergiftung mit dem Satanspilz unangenehm ist, (Erbrechen, Durchfälle, Krämpfe), ist sie doch nicht tödlich und hinterläßt nach der Genesung keine Folgen für die Gesundheit. Aus der näheren Verwandtschaft des Satanspilzes ist der Dunkle Purpur-Röhrling *Boletus purpureus* noch roh giftig. Er hat die gleichen Giftwirkungen wie der Satanspilz.

Der Grüne Falten-Tintling *Coprinus atramentarius* verursacht auch Vergiftungen, aber nur, wenn nach seinem Genuß Alkohol getrunken wird.

Der Kartoffel-Hartbovist *Scleroderma citrinum* ist nur dann giftig, wenn er in größeren Mengen genossen wird. Man sollte ihn daher meiden.

Nach neuesten Forschungen und Erfahrungen sind weiterhin der Fuchsige Röteltrichterling *Clitocybe inversa*, der Rettich-Helmling *Mycena pura* und der Spindelige Rübling *Collybia fusipes* giftig, wenn auch schwächer.

Von den Egerlingen *Agaricus* sind schwächer giftig der Karbol-Egerling *Agaricus xanthoderma* und der Perlhuhn-Egerling *Agaricus placomyces*.

Von den Täublingen sind schwächer giftig die scharf brennenden Arten: der Tränen-Täubling *Russula sardonia*, der Stachelbeer-Täubling *Russula queletii*, der Spei-Täubling *Russula emetica*, der Stink-Täubling *Russula foetens*, der Purpurschwarze Täubling *Russula atropurpurea* und andere.

Der Tannen-Reizker oder Mordschwamm *Lactarius turpis* und der Bruch-Reizker oder Maggipilz *Lactarius helvus* können ebenfalls schwache Vergiftungen hervorrufen.

Vergiftungen können auch durch die üblichen, bekannten eßbaren Arten der Pilze bewirkt werden, wenn zur Speisenzubereitung alte Fruchtkörper verwendet werden, die im Wald bereits angefault oder anderswie entwertet gefunden wurden. Auch junge gesunde Fruchtkörper der Pilze können verderben, wenn man nicht richtig mit ihnen umgeht. In den verdorbenen Speisepilzen sind nichtspezifische Gifte, die durch Autolyse oder durch die abbauende Tätigkeit der Bakterien entstehen, enthalten.

Bei jedem Vergiftungsmerkmal nach Pilzgenuß ist sofort ärztliche Hilfe herbeizurufen. Bis der Arzt kommt, sollte man sich bemühen, den Patienten zum Erbrechen zu bringen. Nach dem Erbrechen sollen Durchfallmittel, zum Beispiel Rhizinusöl oder Klistier aus weißer Seife verabreicht werden. Es ist wichtig, daß der Kranke sehr viel Flüssigkeit zu sich nimmt, damit die Giftstoffe in den Eingeweiden verdünnt werden. Erste Hilfe kann jedoch nicht den Arzt oder das Krankenhaus ersetzen.

Manche Menschen sind allergisch gegen bestimmte Arten von Pilzeiweiß. Um solche allergischen Reaktionen zu vermeiden, sollten allergisch Reagierende nicht zu oft größere Mengen der gleichen Blätterpilzarten zu sich nehmen.

Pilze in der Küche

Auch wenn der Kaloriengehalt der Pilze gering ist, ist doch ihr Wert vom modernen Standpunkt aus nicht unbedeutend. Sie sind zwar schwer verdaulich, haben aber einen ausgezeichneten Geschmack und sind bei richtiger Zubereitung eine wertvolle Ergänzung unserer Nahrung. Neben dem Wohlgeschmack und dem angenehm würzigen Duft enthalten sie einige wichtige Nährstoffe.

Der Gehalt an verdaulichen Eiweißen ist bei den meisten Pilzen gering und schwankt in einer Spanne von 2,5—25 %. Wichtiger ist ihr Gehalt an einigen essentiellen Aminosäuren, die eine erwünschte Ergänzung unserer Nahrung sind.

Die wichtigsten Vitamine in Pilzen sind B_1, B_2 und D und nach unseren Erkenntnissen auch geringe Mengen des Vitamins C. Von den Mineralstoffen sind die Pilze vor allem reich an Phosphor und Stickstoff.

Zum Essen werden nur frische und gesunde Pilze ausgewählt und ihre Verdaulichkeit durch eine geeignete Zubereitung erhöht. Arten mit elastischem Fleisch schneidet man in sehr kleine Stücke und dünstet sie länger als weiche und brüchige Arten. Aufgewärmte Speisen aus Pilzen sind nicht schädlich, wenn man sie kurz nach dem Kochen im Tiefkühlfach einfriert. Aber immer empfiehlt es sich, Pilzgerichte möglichst nicht zu lagern, sondern sie sofort nach der Zubereitung zu verzehren.

Um Pilze auch außerhalb der Pilzsaison zur Vergfügung zu haben, kann man sie auf verschiedene Arten haltbar machen. Die häufigsten Konservierungsverfahren sind Trocknen, Einfrieren und Einlegen in verschiedene Flüssigkeiten oder Salz.

Zum Trocknen sucht man frische gesunde Fruchtkörper aus, die nicht gewaschen, sondern nur trocken mit einem Messer gesäubert werden. Die gereinigten Pilze werden parallel zur Längsachse des Fruchtkörpers, möglichst ohne Stiel und Hut voneinander zu trennen, in 3—5 mm dicke Scheiben zerschnitten. Die Scheiben legt man auf einen Gazerahmen, so daß sie sich nicht berühren. Die Gazerahmen sind Holzrahmen, die mit einem nichtrostenden Geflecht bespannt sind. Die Pilze werden in gut belüfteten Räumen im Halbdunkel oder an der Sonne getrocknet. Auf dem

Land werden Pilze im Ofen getrocknet. Beim Trocknen der Pilze an der Sonne muß aufgepaßt werden, daß kein Tau oder Regen auf sie fällt. Die Pilze sind dann gut getrocknet, wenn sich die Scheiben zwischen den Fingern leicht zerkrümeln lassen. Zum Trocknen eignen sich vor allem die verschiedensten Röhrenpilzarten, da sie festes Fleisch besitzen. Die getrockneten Pilze müssen sehr sorgsam aufbewahrt werden, damit sie nicht schimmeln oder von Schädlingen befallen werden. Zum Lagern der getrockneten Pilze eignen sich am besten Gläser mit einem Schraubverschluß.

Ähnlich wie zum Trocknen werden die Pilze zum Einfrieren in der Tiefkühltruhe vorbereitet.

Eine andere Art der Konservierung ist das Einlegen in saure und süßsaure Flüssigkeit. Zum Einlegen eignen sich am besten Röhrenpilze, Pfifferlinge, Reizker und verschiedene Gemische guter Speisepilze. Man wählt nur junge und unbeschädigte Exemplare aus, säubert sie sorgfältig und wäscht sie. Kleine Pilze läßt man ganz, größere schneidet man in 4 Teile, so daß der Hut mit dem Stiel verbunden bleibt. Von den Täublingen, Egerlingen (Champignons) und Hallimascharten werden meist nur die Hüte eingelegt. Die gesäuberten Pilze kocht man 10—15 Minuten in Salzwasser vor (je nach Zähigkeit des Fleisches), dem man etwas Zitronensaft hinzufügen kann. Die vorgekochten Pilze läßt man abtropfen und legt sie heiß in saubere Einmachgläser. Dann werden sie mit heißem Essig oder einer süßsauren Flüssigkeit übergossen. Obenauf kann man ein Stückchen Lorbeerblatt, eine Scheibe Meerrettich oder Zwiebelringe (nur bei Arten, die nicht schleimen) geben. Die Flüssigkeit wird bis zu 2 cm unter dem oberen Rand des Glases eingefüllt. Man sterilisiert etwa 30 Minuten bei einer Temperatur von 100 °C.

Süßsaure Einkochflüssigkeit

1 kg Pilze, 1/3 l Wasser, 1/6 l 8 %-iger Weinessig, 1 Zwiebel, 2 Stk. Zucker, 10 schwarze Pfefferkörner, 5 weiße Pfefferkörner, Ingwer, Senfkörner, Lorbeerblatt und Salz.

Wird mehr Zwiebel verwendet, dann ist die Flüssigkeit dicker, trüber und geliert.

Saure Einkochflüssigkeit

1—1,5 kg Pilze, 1/2 l Wasser, 1/2 l 8 %-iger Weinessig, 15—20 g Salz, 20 Pfefferkörner und Senfkörner.

Pilze können auch in Salz eingelegt werden. Bei dieser Art der Haltbarmachung werden zwar der ursprüngliche Geruch und Geschmack erhalten, ihre Verwendung beschränkt sich aber meist nur auf Suppen. Zum Einlegen in Salz wählt man nur junge, festere Fruchtkörper aus, die trocken gesäubert und zerschnitten werden und die man leicht antrocknen läßt, dann werden sie, mit Salz vermischt, in Gläser eingedrückt und mit einer Schicht Salz bestreut. Das Glas wird mit Cellophan oder Pergamentpapier zugedeckt und zugebunden. Auf je 1 kg Pilze kommen 10 bis 15 g Salz.

Anstelle von Salz kann man zum Haltbarmachen auch eine Salzlösung verwenden. Die Pilze werden direkt im Glas mit 50 %-iger abgekochter Salzwasserlösung übergossen, so daß sie ganz bedeckt sind. In Salz kann man die meisten eßbaren Pilze konservieren. Vor der Zubereitung zum Essen muß man sie gut unter fließendem Wasser waschen.

Rezepte für Pilzgerichte

Belegtes Pilzbrot

150 g frische Pilze (Pilzgemisch), 50 g Pilze in Essig, 30 g Kartoffelmehl, 50 g Milch, 100 g Zucker, grüne Petersilie, 50 g Schweizer Käse, 100 g Schinkenwurst, Sandwichbrot, Salz.

Die kleingeschnittenen Pilze salzen und gut dünsten. Das Kartoffelmehl mit Milch anrühren, Pilze zugeben und das Ganze andicken. Mit Butter bestrichene Brotscheiben mit dem ausgekühlten Pilzbrei bestreichen, mit Pilzen in Essig, Käse, Wurst und grüner Petersilie garnieren.

Frühlingsbrot mit Morcheln

250 g Pilze (Morcheln, Verpeln), 40 g Butter, 50 g Käse, 2 hartgekochte Eier, 1 Weißbrot, Saft von Roten Beeten, Petersilie, Pfeffer, Koriander, Nelken, Salz.

Mit Butter bestrichene Brotscheiben eines Weißbrotes vom Tag vorher auf den Boden eines Bräters legen und in Butter rösten. In einer Pfanne feingeschnittene, mit Zwiebeln und Gewürzen gedünstete Pilze darauf legen, eine Schicht aus geriebenem Käse, feingehacktem Eigelb, Petersilie und Eiweißschnee, der mit dem Saft Roter Beete gefärbt wurde, auftragen. Es kann auch noch ein Stück Rote Beete und grüner Paprika auf die Brote gelegt werden.

Pilze à la provençale

250 g Pilze (Maipilze, Schwarzfaserige Ritterlinge, Echte Reizker), 40 g Öl, 1/16 l weißer Naturwein oder Schaumwein, 150 g Rindfleischbrühe, 150 g Schinken, 4 Scheiben Brot, 1/2 Zitrone, Salz.

Die Pilze in Streifen schneiden und in der einen Hälfte des Öls dünsten, einige Löffel Fleischbrühe und schließlich Wein dazugießen. Pilze auf den vorbereiteten heißen, überbackenen Schinken legen und mit in Öl gebratenem Brot, das mit Zitrone beträufelt wurde, als Beilage servieren.

Parasol auf Knoblauch

200 g Pilze (Parasolpilze können auch durch Perlpilze oder Sommer-Steinpilze ersetzt werden), 50 g Butter oder Öl, 4 Knoblauchzehen, Salz.

Pilze in größere Scheiben schneiden, mit Knoblauch und Salz bestreichen und in Butter oder Öl braten bis sie knusprig sind. Mit gemischtem Tomaten- und Gurkensalat servieren.

Gefüllte Champignons

250 g größere geschlossene Champignons, 100 g Schinken, 50 g Butter, 1—2 kleine Zwiebeln, 1/8 l Milch, 50 g Mehl, 50 g Parmesankäse, 20 g Semmelbrösel, 250 g Reis, Salz.

Champignons waschen, abhäuten und Stiele abschneiden. Hüte aushöhlen, mit Zitrone bestreichen und in Butter bräunen. Die ausgenommene Pilzmasse zusammen mit feingeschnittener Zwiebel in Butter bräunen, feingehackten Schinken oder Räucherzunge und die kleingeschnittenen Champignonstiele dazugeben.

Alles zusammen mit einer weißen Sauce, die aus Butter, Milch und Mehl angerichtet wurde, vermengen. Die ausgehöhlten Hüte mit Bratenfleisch füllen, mit Salz abschmecken und geriebenen Parmesankäse und Semmelbrösel darüber streuen, mit Butter beträufeln und zum in die Backröhre zum schnellen Überbacken schieben. Mit trockenem Reis, der mit den Lamellen der gedünsteten Champignons und grüner Petersilie garniert wird, servieren.

Schinkenröllchen mit Pilzen

300 g Pilze (Grünlinge, Schwarzfaserige Ritterlinge, Gemeiner Hallimasch und Täublinge), 50 g Speck, 200 g Schinken oder Schinkenwurst, 2 Zwiebeln, Pfeffer, Salz.

Pilze kleinschneiden und mit Speck und Zwiebel dünsten. Pfeffer und Salz zugeben. Sobald sie gar sind, etwas auskühlen lassen, dann in Schinkenscheiben (Schinkenwurst) wie Rouladen einwickeln und überbacken. Mit Salzgebäck oder Brot servieren.

Pilz-Borschtsch mit gefüllten Pilz-Taschen

200 g Pilze (Mischpilze), 250 g Schweine- oder Rindsknochen, 20 g Zwiebel, 30 g Butter, 20 g Mehl, 75 g Suppengemüse, 500 g Rote Beete, Essig, Lorbeerblätter, Pfeffer, Zucker, Salz.

Rote Beete waschen, in der Schale kochen, nach dem Abkühlen schälen. Eine Brühe aus Knochen, Suppengemüse, Zwiebeln und in Scheiben geschnittenen Pilzen vorbereiten. Lorbeerblätter und Pfefferkörner zugeben. Die durch ein Sieb gegossene Brühe mit Essig ansäuern. In Scheiben geschnittenes Suppengemüse, Rote Beete und Pilze dazugeben und mit einer weißen Mehlschwitze andicken. Das Ganze kochen lassen. Die fertige Suppe wird nach Belieben mit Salz, Gewürz und Zucker abgeschmeckt. Sie wird mit Teigtaschen serviert.

Teigtaschen mit Pilzfüllung

Teig: *120 g Mehl, 1 Eigelb, Wasser, Salz*
Füllung: *400 g Pilze (Steinpilze oder Butterpilze), 30 g Zwiebeln, 20 g Butter, Eiweiß, 1 Löffel Semmelbrösel, Pfeffer, Salz.*

Einen geschmeidigen Teig anrichten, ausrollen und Quadrate ausschneiden, auf welche die Füllung gelegt wird. Teigquadrate zu Dreiecken zuklappen und die beiden übereinanderliegenden Ecken zusammendrücken. Die gefüllten Teigtaschen etwa 10 Minuten in Salzwasser kochen.

Füllung: Die gekochten Pilze kleinhacken und in Butter und Zwiebeln dünsten. Semmelbrösel, Eiweiß, nach Belieben Salz und Gewürze zugeben. Diese Füllung wird in die Teigtaschen gegeben.

Bohnensuppe mit Pilzen und Sahne

200 g Pilze (Steinpilze und Täublinge) Rindsbrühe, 50 g Zwiebeln, 100 Weiße Bohnen, 1/8 l Sahne, 50 g Suppengrün, Salz.

In die Rindsbrühe kurz vor dem Ende des Kochens Zwiebeln und Suppengrün geben. Die einen Tag vorher eingeweichten weißen Bohnen weich kochen, durch ein Sieb drücken, mit der durchgegossenen Brühe verdünnen. In Scheiben geschnittene Pilze, einen Teil des gekochten und klein geschnittenen Suppengrüns dazugeben und gut kochen. Schließlich wird mit Sahne angedickt.

Eier-Champignon-Bouillon

150 g Pilze (Champignons), 2 Eier, 40 g Butter, 40 g Mehl, Wasser, Salz.

In die zerlassene Butter Mehl unterrühren und eine helle Mehlschwitze zubereiten, 2 geschlagene Eier dazugeben, umrühren und kaltes Wasser dazugießen. Die vorher kleingeschnittenen und gut gedünsteten Pilze in die Suppe geben und zusammen etwa 25 Min. bei mäßiger Hitze kochen. Abschmecken mit Salz und feingehacktem Schnittlauch.

Weißkrautsuppe mit Pilzen

180 g Pilze (Steinpilze), 280 g Weißkraut, 250 g Knochen, 50 g Butter, 20 g Mehl, 30 g Reis, 1/8 l Milch, 30 g Zwiebel, 50 g grüne Erbsen oder grüne Bohnen, Schnittlauch, Salz.

Pilze säubern, waschen, in kleine Scheiben schneiden und in Butter und Zwiebeln dünsten. In einem anderen Gefäß in Streifen geschnittenes Weißkraut in Butter dünsten. Aus Knochen und Suppengrün eine Brühe kochen und nach dem Durchgießen mit heller Mehlschwitze andicken. Pilze, Weißkraut, Reis, zuletzt grüne Erbsen oder grüne Bohnen in die Suppe geben. Salzen und garkochen.

Pilzomeletts

200 g Pilze (Austern-Seitlinge, Butterpilze, Lilastielige Rötelritterlinge), 1/2 l Milch, 3 Eier, 140 g feines oder halbfeines Mehl, 100 g Fett zum Braten, 10 g Rindermark, Hirn, Pfeffer, Petersilie, Salz.

Die gewaschenen Pilze kleinhacken und mit dem gekochten Rindermark und dem in Fett und Zwiebeln gedünsteten Hirn verrühren. Mit Pfeffer, Salz und feingewiegter Petersilie würzen. Das Gemisch auf die vorbereiteten Omeletts geben.

Omeletts: Eigelb schlagen und salzen, mit der Hälfte der Milch verrühren, mit Mehl zu einem glatten Teig verarbeiten, der mit der restlichen Milch verdünnt wird. Steifen Schnee dazugeben und die Omeletts von 2 Seiten backen.

Reiskroketten mit Pilzen

100 g Pilze (Steinpilze, Täublinge, Ritterlinge), 300 g Reis, 20 g Zwiebeln, 40 g Fett, 1/4 l Wasser, 20 g Mehl, 1/8 l Milch, 100 g Semmelbrösel, 150 g Fett zum Braten und Salz.

Reis etwa 20 Minuten in der Backröhre dünsten. Eine helle Mehlschwitze anrichten, mit Milch verrührt zu Creme kochen, die mit dem Reis vermengt wird. Gekochte feingehackte Pilze dazugeben. Einen Eßlöffel dieser Masse auf einem Brett zu 10 cm langen Röllchen formen, in Semmelbrösel wälzen und in heißem Fett oder Öl hell bräunen. Mit Bratkartoffeln, Kopfsalat, Gurkensalat oder Tomatensalat servieren.

Pilzreis mit Schafskäse

500 g Pilze (Steinpilze, Champignons, Maipilze), 50 g Fett, 250 g Schafskäse, 2 Eier, Pfeffer oder Paprika, Salz, evtl. 10 g Kapern.

Die gesäuberten, gewaschenen und zerschnittenen Pilze in erhitztes Fett geben, mit Pfeffer oder Paprika würzen, mit Salz abschmecken, evtl. mit kleingehackten Kapern bestreuen.

So lange dünsten, bis die Pilze gar sind. Schafskäse und Eier zugeben, aufkochen lassen. Mit Paprika garnieren und mit neuen Kartoffeln servieren.

Pilze auf polnische Art

80 g getrocknete Pilze (Mischpilze), 30 g Butter, 80 g Zwiebeln, 300 g Kartoffeln, 1/4 l Sahne, 2 Eigelb, 20 g Butter zum Braten, Semmelbrösel, Pfeffer, Salz.

Die vorher eingeweichten Pilze in Salzwasser gar kochen und abgießen. Die feingeschnittenen Pilze auf angedünsteten Zwiebeln braun braten. Sahne und Eigelb unterrühren, mit Salz und Gewürz abschmecken. Etwas Pilzwasser und in Würfel geschnittene gekochte Kartoffeln dazugeben. Gut verrühren, in eine feuerfeste Schüssel geben, mit Semmelbrösel bestreuen und Butterstückchen darauf verteilen. In die heiße Backröhre stellen und so lange backen, bis die Semmelbrösel braun sind.

Pilze „Pariser Art"

500 g Pilze (Steinpilze, Champignons, Parasol, Ritterlinge, Flaschen-Stäublinge). 1/2 l Milch, 1 Ei, 80 g Mehl, 200 g Fett zum Braten, Salz.

Ei mit Milch, Mehl, Salz verquirlen und diesen Teig gut verrühren. Er darf nicht zu dickflüssig sein, damit er nach dem Braten nicht hart wird, oder zu dünnflüssig, damit er nicht zerläuft. In Scheiben geschnittene gesalzene Pilze (Hüte) in den Teig eintauchen, in der Pfanne langsam in erhitztem Fett goldbraun braten bzw. frittieren. Mit Spinat oder gedünsteten grünen Erbsen und Kartoffeln servieren.

Pilze auf Paprika

500 g Pilze (Butterpilze, Parasol, Pfifferlinge), 40 g Butter, 30 g Zwiebeln, ein Löffel Edelsüßpaprika, 1/8 l saure Sahne. 20 g Mehl, Salz.

Zwiebeln in Butter andünsten, Edelsüßpaprika und geschnittene gesalzene Pilze dazugeben, 10–15 Minuten dünsten, dann mit Mehl verrührte Sahne zum Andicken der Sauce zugießen. Mit Reis, neuen Kartoffeln oder Knödeln servieren.

Pilzgulasch

500 g Pilze (Steinpilze, Täublinge), 40 g Fett, 10 g Schweineschmalz, 60 g Zwiebeln, Edelsüßpaprika, 1 Knoblauchzehe, 20 g Mehl, Kümmel, Pfeffer, Koriander, Salz.

Feingeschnittene Zwiebeln in Fett hellbraun werden lassen. Den grösseren Teil der Paprika, die gesäuberten gewaschenen und in kleine Stücke geschnittenen Pilze sowie das restliche Gewürz zugeben, weichgaren. Den Saft mit Mehl bestäuben, evtl. mit Suppenbrühe oder Wasser verdünnen. Vor dem Servieren die restliche, in 10 g erhitztem Schweineschmalz verrührte Paprika zum Gulasch geben, damit er eine schöne rote Farbe erhält. Als Beilage reicht man Kartoffeln, Teigwaren oder Reis.

Pilz-Ragout mit Gemüse und Knödeln

500 g Pilze (Champignons, Steinpilze, Butterpilze), 100 g grüne Erbsen, 200 g Blumenkohl, 50 g Fett, 40 g Mehl, 1/4 l Brühe, 30 g Butter, 1 Ei, 20 g Semmelbrösel, Petersilie, Pfeffer, Ingwer, Koriander, Muskatnuß, Paprika, Salz.

Pilze säubern, waschen, kleine Pilze halbieren, größere in Scheiben schneiden und 10 Minuten im eigenen Saft schmoren lassen. Ebenso Erbsen und Blumenkohl, in Röschen zerlegt, dünsten. Mehl in erhitztem Fett hellgelb bräunen und mit Brühe ablöschen. Pilze, Gemüse und Gewürze dazugeben, salzen und aufkochen. Knödel mit Butter bestreichen, in geschlagenem Ei, gewiegter Petersilie und Semmelbröseln wälzen. Die Knödel in der Größe einer Walnuß 5–10 Minuten in Salzwasser kochen. Das Ragout wird mit Semmelknödeln belegt serviert.

Jägersauce auf polnische Art

20 g getrocknete Pilze (Steinpilze, Maronen-Röhrlinge), 60 g Zwiebeln, 30 g Mehl, 100 g Wurst oder Würstchen, 50 g saure Gurken, 10 g Senf, 1/2 l Rinderbrühe, Paprika, Muskatnuß, Wacholderbeeren, Salz.

Die gewaschenen zerhackten Pilze gut dünsten, eine Mehlschwitze mit Zwiebeln anrichten, Pilze zugeben und mit etwas Wasser, in dem die Pilze gedünstet wurden und Fleischbrühe ablöschen. Kleingeschnittene Gurken, Wurst hinzufügen, abschmecken und zum Kochen bringen, etwa 10—15 Minuten auf kleinem Feuer garen lassen. Vor Beendigung des Kochens Senf und Salz dazugeben.

Letscho mit Pilzen

300 g Pilze (Röhrenpilzgemisch), 300 g Tomaten, 300 g grüne Paprika, 40 g Zwiebeln, 40 g Fett, Pfeffer, Salz.

Zwiebeln in Fett andünsten, zerschnittene süße oder scharfe Paprika unterrühren. Zerschnittene und vorgedünstete Pilze sowie Tomaten hinzufügen. Garen, Salzen, Würzen. Mit Kartoffeln oder Reis servieren.

Fisch auf Champignons

250 g Pilze (Champignons), 700 g Fisch oder Fischfilet, 70 g Öl, Zitrone, 1/4 l Milch, 40 g Mehl, 40 g geriebener Käse, Petersilie, Salz.

Fische ausnehmen, säubern, portionieren. Mit Zitronensaft beträufeln, salzen und in Butter braten. Pilze säubern, waschen und klein geschnitten in Butter und Petersilie dünsten. Gleichzeitig aus heller Buttermehlschwitze und Milch eine Sauce zubereiten, in welche die Pilze eingerührt werden. Fischportionen in einer eingefetteten Bratpfanne verteilen, mit Sahne übergießen, mit Käse bestreuen, zerlassene Butter darauf träufeln und etwas überbacken lassen.

Schweinebraten mit Pilzen und Käse

300 g Pilze (Champignons, Steinpilze, Ritterlinge), 300 g Schweinefleisch, 50 g Butter, 3 Eier, Milch, 60 g Hartkäse, Schnittlauch oder Petersilie, Salz.

Das Schweinefleisch waschen, abtrocknen, salzen, in einen Bräter legen und braten, dabei wenden und mit Wasser begießen. Das gebratene Fleisch in Scheiben schneiden, in eine eingefettete Bratenpfanne legen, gedünstete Pilze darauflegen. Eier mit Mehl und Milch verquirlen und darübergießen, mit geriebenem Käse bestreuen, gewiegte Petersilie darüberstreuen und überbacken.

Leber mit Pilzen

200 g Pilze (Steinpilze, Champignons), 400 g Leber, 60 g Speck, 30 g Butter, 15 g Mehl, Madeira, 100 g Geflügel- oder Kalbfleischbrühe, gemahlener Pfeffer, Salz.

Gänse- oder Kalbsleber säubern (enthäuten) dann Speckstreifen und Pilzstreifen darauflegen und rasch braten. Mit Mehl bestäuben, feingeschnittene gedünstete Pilze zugeben, Brühe und Wein zugießen und garen. Mit Salz und Pfeffer abschmecken.

Abbildungen und Artbeschreibungen

Bedeutung der Symbole

Eßbar	🍽
Ungenießbar	✗
Giftig	†
Tödlich giftig	☠

SPEISE-MORCHEL
Morchella esculenta (L.) ex St-Am.

Eßbar

Hut Ockerfarben bis bräunlich-ockerfarben, graubraun oder ganz grau, im Umriß meist eiförmig, selten auch unregelmäßig kugelförmig, innen hohl, 30—70 mm hoch und 30—60 mm breit, mit dem Stiel verwachsen. Die Hutoberfläche wird von unterschiedlich tiefen, in Größe und Form unregelmäßigen wabenartigen Vertiefungen (Alveolen) gebildet, die mit der Fruchtschicht ausgelegt sind. Diese Vertiefungen werden von unterschiedlich hohen und unregelmäßig verlaufenden erhabenen Rippen voneinander getrennt.

Stiel Fast zylindrisch, an der Basis gewöhnlich verdickt, innen hohl, 30—90 mm lang und 25—35 mm dick, an der Oberfläche weiß, cremefarben oder gelblich, im Alter sogar etwas bräunlich, samtig oder fein flockig, gewöhnlich längsfaltig.

Fleisch Weiß, cremefarben oder gelblich-ockerfarben, ziemlich dünn (1,5—2 mm), zart, sehr brüchig mit mildem Geschmack und schwachem Geruch.

Sporenstaub Creme bis hellockerfarben.

Sporen 19—22 × 11—15 µm, ellipsoid, an der Oberfläche glatt, ohne Fettröpfchen.

Vorkommen Ein sehr begehrter Frühjahrspilz, der von Mitte März bis Anfang Mai in lichten Laubwäldern oder Parkanlagen, ja sogar in Obstgärten wächst. Er ist auch auf Wiesen unter Sträuchern zu finden. Da sein Hut meist in den Tönen alten, abgefallenen Laubes gefärbt ist, entgeht er leicht der Aufmerksamkeit ungeübter Pilzsammler.

Verwendung Ein guter Speisepilz, der sich vor allem als Suppeneinlage eignet. Er kann aber auch so zubereitet werden, daß er mit gehacktem, gewürztem Fleisch gefüllt und überbacken wird. Vor seiner Verwendung ist ein Überbrühen mit heißem Wasser anzuraten.

Verwechslung Die Speise-Morchel kann mit keinem Giftpilz verwechselt werden. Es könnte höchstens zu einer Verwechslung mit anderen Morchelarten kommen, die jedoch alle ausnahmslos eßbar sind.

SPITZ-MORCHEL
Morchella conica Pers.

Eßbar

Hut Graubraun bis schwarzbraun, im Umriß kegelförmig, hohl, 30−90 mm hoch und 20−60 mm breit, Hutrand mit dem Stiel verwachsen, Hutoberfläche mit unterschiedlich tiefen, in Größe und Form unregelmäßigen Vertiefungen (Alveolen), die durch erhabene Längs- und Querrippen voneinander getrennt und mit der Fruchtschicht ausgelegt sind. Die Längsrippen verlaufen fast parallel von der Hutspitze abwärts zum Hutrand, so daß die Vertiefungen beinahe regelmäßig in senkrechten Reihen angeordnet sind.

Stiel Gewöhnlich zylindrisch, nach unten bisweilen verjüngt, hohl, 30−50 mm lang und 15−35 mm dick, an der Oberfläche längsfaltig, feinsamtig, jung weiß, später gelblich.

Fleisch Weiß oder cremefarben, dünn (1−2mm), wachsartig brüchig, von mildem Geschmack und Geruch.

Sporenstaub Hellockerfarben.

Sporen 20−24 × 12−14 µm, ellipsoid, an der Oberfläche glatt, farblos, ohne Fettröpfchen.

Vorkommen Von Ende März bis Anfang Mai, meist in Auenwäldern, auf feuchten Wiesen, in Gärten, auf Komposthaufen oder Schuttplätzen. Von der Speise-Morchel unterscheidet sie sich vor allem durch Form und Farbe des Hutes.

Verwendung Ein schmackhafter Speisepilz, der für Suppen, Saucen oder als Beilage zu Fleischgerichten verwendet wird.

Verwechslung Große Ähnlichkeit mit der Spitz-Morchel hat die Hohe Morchel *Morchella elata* Fr. Ihr Hut ist zylindrisch-kegelförmig mit deutlich ausgebildeten Längsrippen und niedrigeren Querrippen, die zwischen den Längsrippen unregelmäßige, olivbraune, braungrünliche bis schwarzbraune Vertiefungen ausbilden. Die Rippen sind in der Regel hellolivockerfarben, der Stiel ist zylindrisch, 50−150 mm lang, zuerst weißlich, später gelblich bis ockerbraun. Sie wächst von April bis Mai in Laubwäldern, aber auch in Gärten oder Gewächshäusern und ist eßbar.

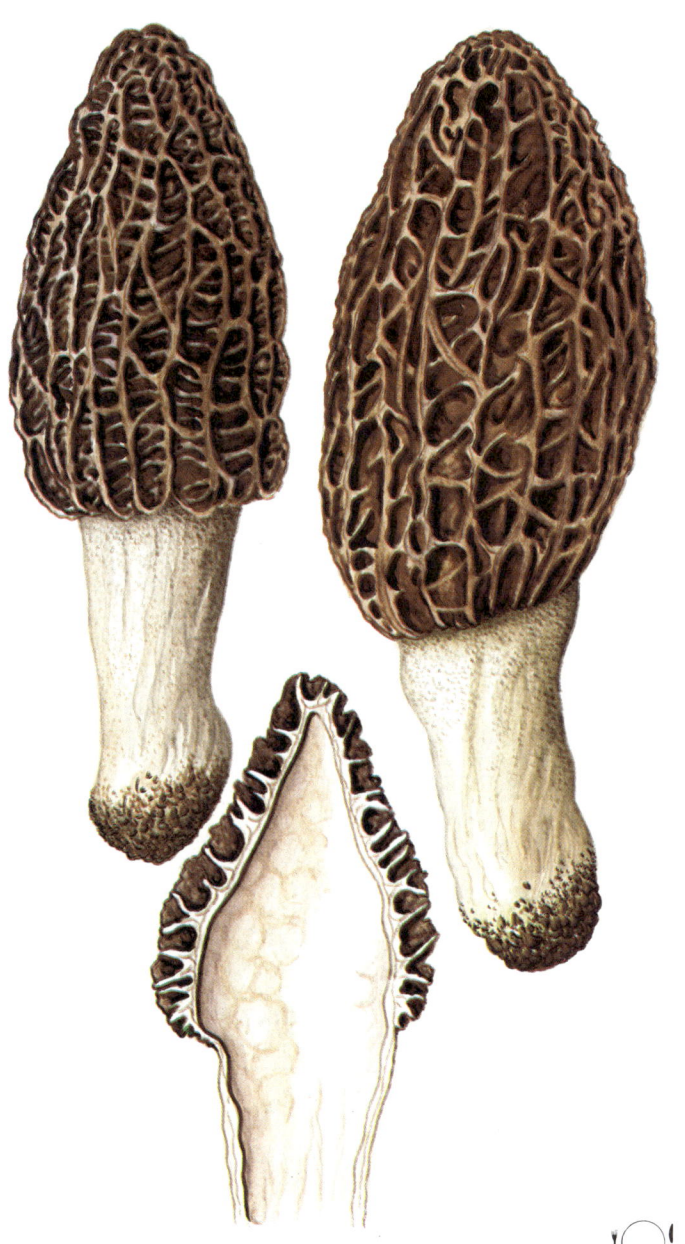

FRÜHJAHRS-LORCHEL, GIFT-LORCHEL
Gyromitra esculenta (Pers. ex Pers.) Fr.

Giftig

Hut Rotbraun, kastanienbraun oder dunkelbraun mit violettem Ton, 25—80 mm Durchmesser, im Umriß meist unregelmäßig gestaltet, an der Oberfläche hirnartig verschlungen, teilweise mit dem Stiel verwachsen und stellenweise lappig abstehend, innen hohl und weiß.

Stiel Unregelmäßig, zylindrisch, hohl, brüchig und bröckelig, häufig doppelt bis dreifach, 30—70 mm lang und 15—35 mm dick, an der Oberfläche grubig-faltig, samtig-filzig, weißlich, gelblich oder fleischrötlich.

Fleisch Weiß, dünn (1—2 mm), zart und zerbrechlich, mit mildem Geschmack und Geruch.

Sporenstaub Weiß.

Sporen 18—22 × 9—12 µm, ellipsoid, an der Oberfläche glatt mit zwei kleinen Fettröpfchen an den Polen, farblos.

Vorkommen Von Anfang März bis Ende April in Nadelwäldern, am häufigsten in Kiefernforsten auf Sandböden.

Achtung Aufgrund mehrfach belegter Berichte über schwere Vergiftungen muß dieser Pilz als stark giftig eingestuft werden.

Verwechslung Unerfahrene Pilzsammler verwechseln die Frühjahrs-Lorchel häufig mit der eßbaren Riesen-Lorchel *Neogyromita gigas* (Krombh.) Imai, die gewöhnlich einen größeren Fruchtkörper und einen ockerfarbigen Hut hat und am häufigsten in Laubwäldern wächst.

KRAUSE GLUCKE, FETTE HENNE
Sparassis crispa (Wulf.) ex Fr.
Syn.: *Masseola crispa* (Wulf. ex Fr.) O. Kuntze
Sparassis ramosa Schaeff. ex Schroet.

Eßbar

Fruchtkörper 50—200 mm hoch und 60—300 mm breit, zuweilen auch größer. Er kann bis zu 6 kg schwer werden. Im Umriß ist er unregelmäßig kugelförmig oder ellipsoid und die dicke, fleischige Basis teilt sich in blattartige, unterschiedlich verwachsene Äste. Diese Blätter sind lappig, gewellt oder kraus, an den Enden gezähnt, zuerst weißlich, später gelblich und schließlich im Alter ockerfarben bis ockerbräunlich. Die stielförmige Basis ist dunkel.
Fleisch Wachsartig, elastisch, weiß, angenehmer Geruch und nußartiger Geschmack.
Sporenstaub Ocker bis orangeockerfarben.
Sporen 6—7 × 4—5 µm, kurz ellipsoid, an der Oberfläche glatt, hellgelb.
Vorkommen Von August bis Oktober in Nadelwäldern, am häufigsten an Kiefernwurzeln.
Verwendung Ein ausgezeichneter Speisepilz, der besonders als Suppeneinlage, zum Braten nach „Wiener Art" und zum Trocknen geeignet ist.
Verwechslung Der Krausen Glucke ähnelt die ihr verwandte Eichenglucke *Sparassis laminosa* Fr., die strohgelbe, glatte, blattartig verflachte Äste hat. Sie wächst von Ende Sommer bis in den Herbst in Laubwäldern, am häufigsten jedoch an Eichenwurzeln.
Sie ist ebenso schmackhaft wie die Krause Glucke, kommt jedoch weitaus seltener vor.

ECHTER PFIFFERLING, EIERSCHWAMM
Cantharellus cibarius Fr.

Eßbar

Hut Jung dottergelb, später verblassend, meist kahl und matt, 10−70 mm Durchmesser, erst wenig gewölbt, dann fast flach und im Alter bis trichterförmig gebogen, mit lappig-welligem Rand. Das Hymenium (Fruchtschicht) an der Hutunterseite wird von Leisten gebildet, die gabelig-verästelt und meist aderig-netzig verbunden sind. Die Leisten werden bis zu 3 mm hoch, sind ziemlich dick, dottergelb und am Stiel weit herablaufend.

Stiel Unregelmäßig zylindrisch, nach unten verjüngt, nach oben in den Hut verbreitert, voll, 30−60 mm lang und 8−25 mm dick, an der Oberfläche gelb, glatt und trocken.

Fleisch Dickfleischig, hellgelblich, Geruch und Geschmack angenehm würzig.

Sporenstaub Hellgelblich.

Sporen 8−11 × 5−6 µm, kurz ellipsoid, an der Oberfläche glatt, farblos, mit einem oder mehreren Fettröpfchen.

Vorkommen Von Ende Mai bis Ende Oktober in Nadel- und Laubwäldern, im Moos oder in Laubstreu.

Verwendung Er ist für die Zubereitung verschiedener Speisen geeignet. Ganz junge Fruchtkörper sind, wenn sie süßsauer oder in Essig eingelegt werden, eine ausgezeichnete Delikatesse als Salat, der zu Fleischspeisen gereicht wird. Die Fruchtkörper haben eine sehr feste Konsistenz, weshalb sie relativ schwer verdaulich sind. Dennoch ist er ein sehr bedeutender Pilz, da er in großen Mengen vorkommt und kaum von Insekten entwertet wird.

Verwechslung Auf den ersten Blick ähnelt dem Eierschwamm der ungenießbare Falsche Pfifferling (Falsche Eierschwamm) *Hygrophoropsis aurantiaca* (Wulf. ex Fr.) R. Maire, sein Hut ist dünnfleischig, anfangs orangegelb, dann blasser. Die Lamellen sind dicht gedrängt, dünn, orangerot und sein Fleisch ist weich, orange und bitter. Er wächst von September bis November in Laub- und Nadelwäldern.

TOTEN-TROMPETE, HERBST-TROMPETE
Craterellus cornucopioides (L. ex Fr.) Pers.
Syn.: *Cantharellus cornucopioides* L. ex Fr.

Eßbar

Fruchtkörper Der hutförmige Teil erreicht einen Durchmesser von 30—80 mm. Er ist trompetenartig-trichterförmig (füllhornartig) mit umgeschlagenem Rand, der in der Reife wellig oder lappig ist. Die Innenseite ist zunächst braunschwarz, später schwarzgrau bis schwarz, unregelmäßig spärlich schuppig, die Außenseite graubraun, zuerst glatt, später runzelig-faltig. Die Außenseite des gesamten Fruchtkörpers ist vom Hymenium (Fruchtschicht) überzogen und ist in der Reife von weißen Sporen weißlich überhaucht. Der stielige Teil des Fruchtkörpers ist 50—120 mm lang, hohl, nach unten verjüngt, nach oben allmählich in den Hut übergehend.

Fleisch Sehr brüchig, dünn, etwas knorpelig, zuerst grauschwarz, später ganz schwarz. Mit unbedeutendem Geschmack und angenehmem Geruch. Der getrocknete Pilz ist ganz schwarz und zerbröckelt leicht.

Sporenstaub Weiß.

Sporen 12—15 × 7—8,5 µm, eiförmig-ellipsoid, Oberfläche glatt, farblos.

Vorkommen In Laub- und Mischwäldern von August bis November, meist scharenweise, büschelig vorkommend. Am zahlreichsten in Vorgebirgsgegenden.

Verwendung Ein sehr schmackhafter Pilz, obgleich sein Aussehen nicht sehr verlockend ist. Er eignet sich für Suppen, Saucen und zum Trocknen. Der getrocknete und zerkrümelte Fruchtkörper kann als Gewürz an verschiedene Speisen gegeben werden.

Verwechslung Die Totentrompete kann mit keinem anderen Pilz verwechselt werden. Am ähnlichsten ist ihr der Vollstielige Leistling *Pseudocraterellus sinuosus* (Fr.) Fr., der sich durch einen stärker gegliederten krausen Hut und einen Stiel, dessen Fleisch nicht in den Hut übergeht, unterscheidet. Außerdem ist er heller gefärbt, meist in braunen und Ockertönen. Er wächst von August bis Oktober in Laubwäldern meist in dichten Büscheln. Er ist ungenießbar.

HABICHTSPILZ, REHPILZ
HABICHTS-STACHELING
Hydnum imbricatum L. ex Fr.

Syn.: *Sarcodon imbricatus* (L. ex Fr.) P. Karst.

Eßbar

Hut Braun bis graubraun, jung flach gewölbt, später in der Mitte flach genabelt bis trichterförmig vertieft, anfangs mit eingerolltem, später scharfem und mehr oder weniger welligem Rand, 50–200 mm Durchmesser, an der Oberfläche mit derben, abstehenden Schuppen bedeckt. Die Stacheln an der Hutunterseite sind dicht gedrängt und brüchig, jung weiß, später grau bis graubraun und schließlich braun, auffällig am Stiel herablaufend.

Stiel Unregelmäßig zylindrisch, nach unten häufig verdickt, voll, 30–60 mm lang und 10–30 mm dick; an der Oberfläche glatt, graubraun bis braun.

Fleisch Zunächst weiß, später graubräunlich, jung elastisch und saftig, alt lederartig fest und trocken mit würzigem Geschmack und angenehmem, pikantem Geruch.

Sporenstaub Braungrau.

Sporen 5–7 × 5–6 µm, im Umriß breit elliptisch, an der Oberfläche eckig-höckerig, hellgelb-braun.

Vorkommen Von August bis November in Nadelwäldern. Die Fruchtkörper wachsen stets in großer Anzahl.

Verwendung Zum Essen werden nur junge Fruchtkörper gesammelt, solange diese noch elastisch und saftig sind. Alte Exemplare sind lederartig fest und bitter. Gemahlene getrocknete Pilze ergeben ein gutes Gewürz für Suppen und verschiedene Saucen.

Verwechslung Unerfahrene Pilzsammler können den Habichtspilz leicht mit dem Gallen-Stachling *Hydnum scabrosum* Fr. verwechseln, der sich von dem ersteren vor allem durch die Farbe der Hutoberhaut unterscheidet, die jung rosaviolett und glatt, alt ockerbraun und felderig, aber nicht schuppig-rissig ist. An der Stielbasis ist er schwarzgrün. Sein Fleisch ist bitter und deshalb ist er ungenießbar.

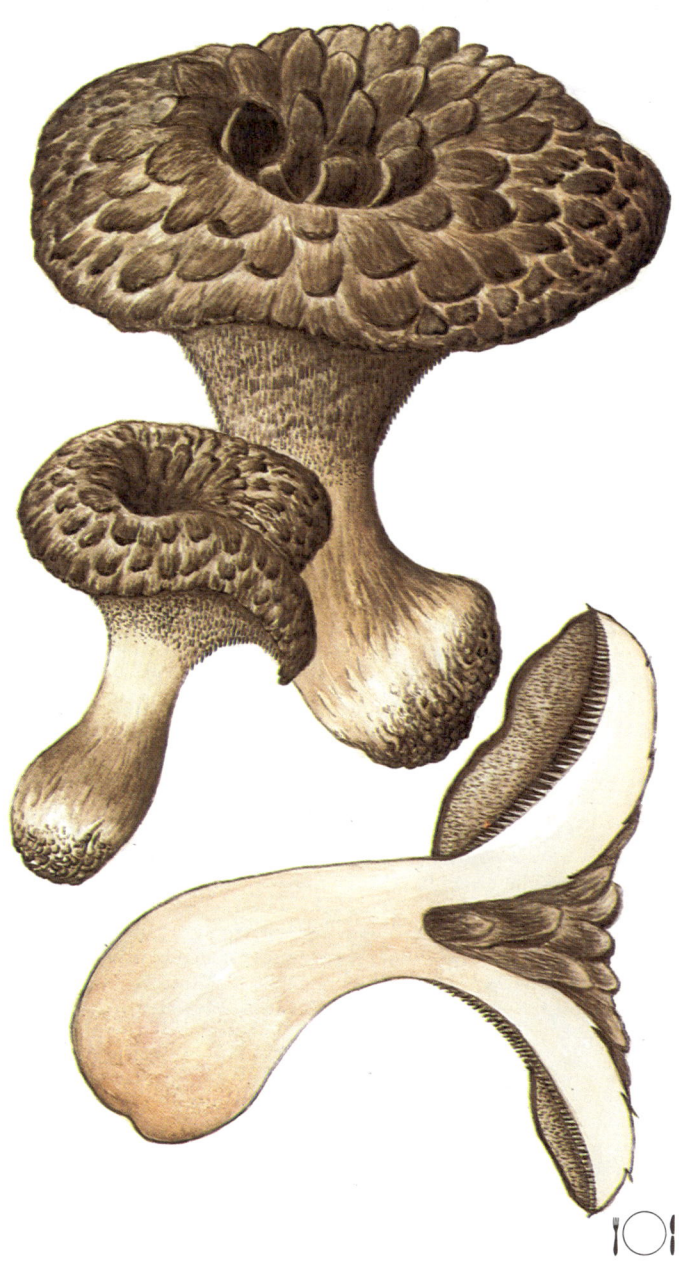

SEMMEL-STOPPELPILZ
Dentinum repandum (L. ex Fr.) S. F. Gray
Syn.: *Hydnum repandum* L. ex Fr.

Eßbar

Hut Feucht cremeockerfarben, semmelgelb bis gelblichbraun, trokken fast weiß, anfangs gewölbt, später flach oder unregelmäßig gestaltet, 30—150 mm Durchmesser, mit dicht gedrängten und herablaufenden Stacheln unter dem Hut, die jung kurz und elastisch, hellgelblich, später bis zu 8 mm lang und genauso wie der Hut gefärbt sind; im Alter sind sie meist zart und brüchig.

Stiel Zylindrisch, voll, gewöhnlich exzentrisch und nur selten zentral, 20—70 mm lang und 5—20 mm dick, an der Oberfläche glatt, trocken, weiß oder cremefarben, selten auch gelblich braun.

Fleisch Fest und ziemlich brüchig, weiß oder hellgelblich, im Schnitt unverfärbend mit etwas säuerlichem Geschmack und angenehmem Geruch.

Sporenstaub Weiß.

Sporen 7—10 × 7—8 µm, fast kugelig oder eiförmig, Oberfläche glatt oder unsichtbar genetzt, farblos.

Vorkommen Auf den ersten Blick ähnelt er auffallend dem Echten Pfifferling. Er unterscheidet sich von diesem vor allem dadurch, daß er keine Leisten, sondern Stacheln an der Hutunterseite hat. Er wächst von Juli bis November in Laub- und Nadelwäldern meist in großen Gruppen, bildet auch Hexenringe. Am häufigsten in Vorgebirgen.

Verwendung Ein eßbarer Pilz mit ziemlich festem Fleisch und deshalb relativ schwer verdaulich. Am besten für Suppen und zum Einlegen in Essig in einem Gemisch mit anderen Pilzen geeignet.

Verwechslung Von dem Semmel-Stoppelpilz unterscheidet sich der Rotgelbe Stoppelpilz *Dentinum repandum* f. *rufescens* Fr., der meist kleiner ist und dessen Hut rostrot-orange oder goldorange ist. Er wächst an ähnlichen Stellen und zur gleichen Zeit wie der typische Semmel-Stoppelpilz. Auch diese Unterart ist eßbar.

AUSTERN-SEITLING, AUSTERNPILZ
Pleurotus ostreatus (Jacq. ex Fr.) Kumm.

Eßbar

Hut Graublau, graubraun oder aschgrau, 50—200 mm breit, jung gewölbt, später flach, im Umriß halbkreisförmig oder muschelförmig, an der Oberfläche glatt und kahl. Lamellen jung weiß, alt grau, 5—15 mm breit, gedrängt, weit am Stiel herablaufend.

Stiel Exzentrisch oder seitlich, unregelmäßig zylindrisch, voll, 20—50 mm lang und 8—20 mm dick, an der Oberfläche weiß, an der Basis weißlich behaart.

Fleisch Weiß, jung weich und saftig, im Alter etwas zäh, mit mildem Geschmack und angenehmem Geruch.

Sporenstaub Weiß und leicht lila getönt.

Sporen 8—13 × 3—4 µm, zylindrisch, Oberfläche glatt und farblos.

Vorkommen An lebendem und totem Holz verschiedener Laubbäume, von Oktober bis Dezember, meist immer in großen Büscheln. Bei nicht zu starken Frösten wächst er im ganzen Winter bis zum März.

Verwendung Ein guter Speisepilz, der für Suppen und zum Einlegen in Essig und anderen Flüssigkeiten geeignet ist. Zum Essen eignen sich am besten junge Fruchtkörper, da sie noch weich und leicht bekömmlich sind.

Verwechslung Er kann mit keinem Giftpilz verwechselt werden. Es könnte lediglich zu einer Verwechslung mit anderen Seitlingsarten kommen, die jedoch alle ausnahmslos gute Speisepilze sind, so daß keine Gefahr einer Vergiftung besteht. Von Mai bis Oktober wächst an Laubbäumen, am häufigsten aber an Ulmen der Rillenstielige Seitling *Pleurotus cornucopiae* Paul. ex Fr. und zwar immer in dichten Büscheln. Sein Hut ist trichterförmig, weißlich, hellgelb oder ockerbräunlich. Die Lamellen sind weiß, tief herablaufend, am Stiel gewöhnlich netzartig verbunden (anastomosierend). Ein schmackhafter Speisepilz, der auf ähnliche Art zum Essen zubereitet wird wie der Austern-Seitling.

MÄRZ-ELLERLING, MÄRZ-SCHNECKLING
Hygrophorus marzuolus (Fr.) Bres.

Eßbar

Hut 40–100 mm breit, zunächst gewölbt, später flach, häufig unregelmäßig gestaltet, dickfleischig, zentral, seltener auch exzentrisch. Die Hutoberhaut ist jung weißlich, später perlmuttergrau bis schwärzlich, matt, trocken, anfangs etwas bereift, im Alter kahl. Die Lamellen sind 2–6 mm breit, entfernt, ziemlich dick, am Stiel etwas herablaufend, jung weiß oder weißlich, im Alter an der Fläche gräulich bis grau, an der Schneide hellgrau.

Stiel Unregelmäßig zylindrisch, voll, nach unten meist verjüngt, 30–60 mm lang und 15–40 mm dick, oft etwas verbogen, an der Oberfläche weißlich oder gräulich, seidenfaserig, an der Spitze unter dem Hut etwas schuppig-flockig.

Fleisch Kompakt, jung reinweiß, später mit feiner Grauschattierung, vor allem unter der Huthaut und im Stiel. Schwacher Geruch und milder Geschmack.

Sporenstaub Weiß.

Sporen 7–9 × 4–5 µm, eiförmig-zylindrisch, an der Oberfläche glatt, farblos.

Vorkommen Von März bis Anfang Mai in Nadelwäldern, oftmals auch unter Schneeresten, bisweilen findet man ihn auch in Laubwäldern. Am häufigsten kommt er in gebirgsnahen Gegenden vor. Die Fruchtkörper sind ziemlich schwer zu finden, da sie unauffällig gefärbte Hüte haben.

Verwendung Eßbar, wertvoll vor allem deshalb, weil er bereits im zeitigen Frühjahr, wenn kaum ein anderer Pilz zu finden ist, wächst. Eignet sich für Suppen, aber auch als Beilage zu Fleischgerichten.

Verwechslung Der März-Ellerling kann mit keinem Giftpilz verwechselt werden. Es kann lediglich zu einer Verwechslung mit einigen ungefährlichen Seitlingsarten, die einen grauschwarzen Hut haben, kommen. Eine Verwechslung ist jedoch eigentlich nicht möglich, da die Seitlinge erst Anfang des Sommers auftauchen, während der März-Ellerling Anfang Mai bereits aufhört zu wachsen.

EXZENTRISCHER RASLING, BÜSCHEL-RASLING
Lyophyllum decastes (Fr. ex Fr.) Sing.

Eßbar

Hut Ockerbraun bis rostbraun, eingewachsen radialfaserig und seidig glänzend, jung halbkugelig gewölbt, später flach und unregelmäßig gestaltet, 50—100 mm Durchmesser. Am häufigsten zentral und nur selten exzentrisch. Die Fruchtkörper wachsen in schattiger Umgebung und haben gewöhnlich blasser gefärbte Hüte. Die Lamellen sind erst weiß, später graucreme, 6—8 mm breit, mäßig gedrängt, am Stiel mit Zähnchen ausgeschnitten.

Stiel Unregelmäßig zylindrisch, voll, zentral, selten auch exzentrisch, 70—130 mm lang und 10—20 mm dick, an der Oberfläche weiß, fein längsfaserig und seidig glänzend.

Fleisch Kompakt, elastisch, weiß, am Schnitt unverfärbend, Geschmack mild, Geruch unbedeutend.

Sporenstaub Weiß.

Sporen 5,6—6,5 µm, kugelig, an der Oberfläche glatt, farblos.

Vorkommen In großen Büscheln, von September bis Anfang Dezember auf Wiesen, in Laubwäldern, jedoch auch sehr oft in Gärten und Parkanlagen.

Verwendung Ein guter Speisepilz, sehr ergiebig, da er fast immer in großer Anzahl (häufig in 50—100 köpfigen Büscheln) wächst. Eignet sich für Suppen und zum Einlegen in Essig. Zum Essen werden nur Hüte verwendet.

Verwechslung Der Exzentrische Rasling kann mit keinem Giftpilz verwechselt werden. Die wahrscheinlichste Möglichkeit einer Verwechslung besteht mit anderen verwandten Rastlingsarten, die alle eßbar sind. Das sind vor allem der Gesellige Rasling *Lyophyllum fumosum* (Pers. ex Fr.) P. D. Orton und der Weiße Rasling *Lyophyllum connatum* (Schum. ex Fr.) Sing. Der Gesellige Rasling wächst in Büscheln und zur gleichen Zeit und an gleichen Orten wie der Exzentrische Rasling, von dem er sich in der Hauptsache durch den dunkler gefärbten Hut und größeren Wuchs des Fruchtkörpers unterscheidet. Der Weiße Rasling wächst in Büscheln von August bis Oktober in Laub- und Nadelwäldern. Zum Unterschied von den beiden vorher genannten Pilzen ist er völlig weiß.

MAIPILZ, MAI-SCHÖNKOPF, MAI-RITTERLING

Calocybe gambosa (Fr.) Donk
Syn.: *Tricholoma georgii* (L. ex Hook) Quél.

Eßbar

Hut   Zunächst weißlich oder cremefarben, im Alter ockergelblich bis gelbbraun, glatt, kahl und trocken, jung stumpfkegelförmig oder glockenförmig, später gewölbt, schließlich flach ausgebreitet, 60—120 mm Durchmesser. Lamellen anfangs weißlich bis cremefarben, im Alter hellockerfarben, 5—10 mm breit, sehr gedrängt und dünn, am Stiel gewöhnlich mit Zähnchen ausgeschnitten oder bisweilen auch angewachsen. Die Lamellenschneide ist im Alter rissig.

Stiel   Jung dickbauchig oder keulenförmig, im Alter zylindrisch voll, 40—90 mm lang und 15—35 mm dick, weißlich oder hellcremefarben, an der Basis häufig ockerfarben oder rostockerfarben, an der Oberfläche eingewachsen-faserig, an der Spitze unter dem Hut manchmal feinflockig.

Fleisch   Kompakt, saftig, weiß, am Schnitt unverfärbend, mit angenehmem Geschmack und Geruch nach frisch gemahlenem Mehl.

Sporenstaub   Weiß.

Sporen   5—7 × 3—4,5 µm, eiförmig oder kurz ellipsoid, an der Oberfläche glatt, farblos.

Vorkommen   Von April bis Anfang Juni. Bevorzugte Standorte sind vor allem Wiesen, Weiden, Laubwaldränder und seltener auch Obstgärten. In Gebirgsgegenden mit rauheren klimatischen Bedingungen wächst er später, meist von Anfang Juni bis Mitte Juli. Er kommt vereinzelt und in kleinen Gruppen vor und bildet oft auch Hexenringe.

Verwendung   Ein wohlschmeckender Speisepilz, geeignet für Suppen, zum Einlegen in Öl und zum Trocknen. Er wird auch als Beilage zu Fleischspeisen verwendet.

Verwechslung   Die jungen Fruchtkörper des Maipilzes können von unerfahrenen Pilzsammlern mit dem stark giftigen Ziegelroten Rißpilz *Inocybe patouillardii* Bres. verwechselt werden, der jung ebenfalls ganz weiß ist. Die jungen Fruchtkörper des Ziegelroten Rißpilzes färben sich jedoch bei Verletzung rot und ältere Exemplare sind von dem Maipilz leicht zu unterscheiden, da sie einen faserigen, rotbraunen Hut und braune Lamellen haben.

GEMEINER HALLIMASCH, HONIGGELBER-HALLIMASCH
Armillariella mellea (Vahl ex. Fr.) P. Karst.

Eßbar

Hut Meist honiggelb oder rostbraun, selten auch gelbgrünlich oder schwarzbraun, mit braunen Schüppchen bedeckt, die in der Mitte am dunkelsten und dichtesten sind und sich im Alter teilweise verlieren. Jung halbkugelförmig, später gewölbt, im Alter flach, oft mit einem stumpfen Buckel in der Hutmitte, 40–100 mm Durchmesser.
Lamellen zunächst weißlich, später gelblich und braun gefleckt, im Alter weißmehlig von Sporen bestäubt. Sie sind 4–8 mm breit, mäßig gedrängt, dünn, kurz herablaufend.

Stiel Zylindrisch, an der Basis gewöhnlich verdickt, innen wattig-weich ausgestopft, 40–200 mm lang und 10–25 mm dick, gelblich oder ockerbräunlich, glattfaserig gerillt oder etwas flockig. Jung ist der Stiel durch eine häutige, wattig-flockige Hülle mit dem Hutrand verbunden. Nach ihrem Aufreißen bleibt ein weißer, weich-flockiger Ring am Stiel zurück.

Fleisch Weiß, an Schnittflächen unverfärbend, im Hut weich, im Stiel fest faserig-zäh, mit herbem Geschmack und schwachem Geruch.

Sporenstaub Weiß.

Sporen 7–9 × 5–6 µm, zylindrisch ellipsoid, Oberfläche glatt, farblos.

Vorkommen Von Mitte September bis Ende Oktober an Baumstämmen und -stümpfen von Nadel- und Laubhölzern, meist in dichten Büscheln wachsend.

Verwendung Ein Speisepilz von durchschnittlicher Qualität. Er ist ziemlich schwer verdaulich und kann ungenügend gekocht bei empfindlichen Personen Magenbeschwerden, ja sogar leichte Vergiftungen hervorrufen. Am besten ist er zum Einlegen in Essig geeignet. Zum Essen werden nur die Hüte verwendet. In der Wald- und Forstwirtschaft richtet er erhebliche Schäden an, da er als Parasit an den verschiedensten lebenden Bäumen, vor allem an Tannen wächst.

Verwechslung Große Ähnlichkeit mit dem Gemeinen Hallimasch hat der Ringlose Hallimasch *Armillariella tabescens* (Scop. ex Steud.) Sing. Er unterscheidet sich von dem ersteren vor allem dadurch, daß er keinen Ring am Stiel hat und ausschließlich an Laubhölzern wächst, auch er ist eßbar.

MÖNCHSKOPF,
FALBER RIESEN-TRICHTERLING
Clitocybe geotropa (Bull. ex St-Am.) Quél.

Eßbar

Hut Lederfalb oder bräunlich-ockerfarben, glatt und kahl. Junge Fruchtkörper haben anfangs einen weißen Hut, der erst gewölbt und am Rand eingerollt ist, in der Mitte mit einem auffälligen Buckel, der auch bei älteren Exemplaren sichtbar bleibt, wenn sich der Hut trichterförmig vertieft, 80—250 mm Durchmesser. Die Lamellen sind erst weiß, dann hellockerfarben, 3—10 mm breit, dichtstehend, dünn, am Stiel herablaufend.
Stiel Zylindrisch, abwärts etwas dicker, voll, 100—300 mm lang, 10—40 mm dick, hellockerfarben, glatt, etwas faserig, an der Basis weißfilzig.
Fleisch Kompakt, weiß, im Schnitt unverfärbend, mit mildem Geschmack und unbedeutendem Geruch.
Sporenstaub Weiß.
Sporen 6—7 × 5—6 µm, fast kugelförmig, Oberfläche glatt, farblos.
Vorkommen Von August bis November in Laubwäldern und auf Waldwiesen, meist in kleinen Gruppen oder Hexenringe bildend.
Verwendung Ein eßbarer Pilz, vorwiegend zum Einlegen in Essig im Gemisch mit anderen Pilzen, die geschmacklich wertvoller sind, geeignet. Zum Essen werden nur die Hüte junger Fruchtkörper verwendet, da das Fleisch des Stiels faserig, zäh und schwer verdaulich ist.
Verwechslung Der Mönchskopf kann mit keinem Giftpilz verwechselt werden. Reife Exemplare haben Ähnlichkeit mit den Fruchtkörpern des Riesen-Krempentrichterlings *Leucopaxillus giganteus* (Sibth ex Fr.) Sing., der aber keinen Buckel in der Hutmitte besitzt. Auch er ist eßbar, jedoch geschmacklich minderwertiger als der Mönchskopf.

NEBELGRAUER TRICHTERLING, GRAUKOPF
Clitocybe nebularis (Batsch ex Fr.) Kumm.

Eßbar

Hut Erst halbkugelförmig gewölbt, später flach ausgebreitet, in der Mitte manchmal vertieft, Rand zunächst eingerollt, später scharf und oft wellig-verbogen, 50—150 mm Durchmesser, mit hygrophaner Haut, bei feuchter Witterung dunkelgrau bis graubraun, bei Trockenheit hellgrau oder weißlich graubräunlich, jung über die ganze Oberfläche weißlich bereift, im Alter bleibt dieser Reifüberzug nur noch in der Hutmitte erhalten. Er läßt sich leicht von der Huthaut abwischen.

Die Lamellen sind zuerst weißlich, im Alter ockercreme, 3—7 mm breit, gedrängt, dünn, am Stiel kurz herablaufend.

Stiel Zylindrisch oder keulenförmig, an der Basis abgerundet, voll, 60—100 mm lang und 15—30 mm dick. An der Oberfläche glatt oder feinfaserig gerillt, weißlich, gräulich oder stellenweise fein bräunlich.

Fleisch Festfleischig, weiß, im Schnitt unverfärbend, mit sehr veränderlichem Geruch und Geschmack. Bald riecht es angenehm nach frisch gemahlenem Mehl, bald widerlich nach Ungeziefer, bald schmeckt es würzig, bald süßlich oder säuerlich.

Sporenstaub Weiß.

Sporen 6—8 × 3—4 µm, kurz elliptisch, an der Oberfläche glatt, farblos.

Vorkommen Von September bis Dezember in Laub- und Nadelwäldern. Die Fruchtkörper wachsen fast immer gesellig, häufig auch in Hexenringen. Er ist einer der häufigsten Herbstpilze.

Verwendung Obwohl er eßbar ist, hat er doch nur einen minderwertigen Geschmack. Er ist, obwohl sehr aromatisch, schwer verdaulich und verursacht manchen Menschen Magenbeschwerden. Zum Essen werden nur junge Pilze verwendet, die sich am besten zum Einlegen in Essig eignen, vor allem in einem Gemisch mit anderen, geschmacklich wertvolleren Pilzen.

Verwechslung Der Nebelgraue Trichterling kann mit keinem Giftpilz verwechselt werden.

FELD-TRICHTERLING
Clitocybe dealbata (Sow. ex. Fr.) Kumm.

Giftig

Hut Anfangs gewölbt mit eingerolltem Rand, später flach, in der Mitte oft vertieft. 20–45 mm Durchmesser. Entweder reinweiß oder weißlich grau, glatt und kahl, im Alter bisweilen gezont-rissig. Bei feuchter Witterung etwas schmierig, nach dem Trocknen seidig glänzend. Die Lamellen sind jung reinweiß, später grauweißlich, in der Reife fast cremefarben, eng, am Stiel herablaufend, 2–5 mm breit.

Stiel Zylindrisch, voll, 20–40 mm lang und 4–6 mm dick, weiß, an der Basis grau, an der Oberfläche eingewachsen längsfaserig.

Fleisch Dünn, elastisch, weiß, an Schnittstellen unverfärbend. Geschmack mild, Geruch erinnert an frisch gemahlenes Mehl oder frisch gesägtes Holz.

Sporenstaub Weiß.

Sporen 4–6 × 2,5–3,5 µm, ellipsoid, an der Oberfläche glatt, farblos.

Vorkommen Er wächst auf Wiesen und Weiden, am Rand von Laubwäldern von August bis November. Die Fruchtkörper erscheinen entweder einzeln oder in kleinen Gruppen.

Achtung Ein stark giftiger Pilz.

Verwechslung Dem Feld-Trichterling ähnelt sehr der Bleiweiße Trichterling *Clitocybe cerussata* (Fr.) Kumm., der sich durch einen größeren Wuchs der Fruchtkörper unterscheidet. Der Hut ist 50–120 mm breit, zuerst gewölbt, dann flach bis trichterförmig, weiß und glänzend, die Lamellen sind eng, herablaufend, anfangs reinweiß, später schmutzigweiß bis cremefarben. Der Stiel ist 50–100 mm lang und 7–12 mm dick, weiß, unten bräunlich. Das Fleisch ist weiß, Geschmack mild, Geruch unbedeutend. Von August bis Oktober in Laub- und Nadelwäldern vorkommend. Er ist ebenfalls giftig.

VIOLETTER RÖTELRITTERLING
Lepista nuda (Bull. ex Fr.) W. G. Smith
Syn.: *Tricholoma nudum* (Bull. ex Fr.) Kumm.

Eßbar

Hut Jung violett-lila, später hellviolett, alt verblassend und meist braunockerfarben, bei Trockenheit bis hellockerfarben. Anfangs gewölbt, später flach, glatt und kahl, 60—150 mm Durchmesser. Lamellen jung intensiv violett, später bräunlich ockerfarben bis fleischbräunlich, 6—10 mm breit, dicht gedrängt, dünn, am Stiel mit Zähnchen ausgeschnitten.

Stiel Zylindrisch, selten auch keulenförmig, voll, 50—100 mm lang und 12—30 mm dick, an der Oberfläche zunächst intensiv violettblau, später grauviolett und schließlich fast grauweißlich, längsfaserig, an der Basis auffallend lilafilzig und mit Resten von Nadel- und Laubstreu behaftet.

Fleisch Fleischig, anfangs fest und lila, alt weich und blaß cremefarben werdend, mit mildem, angenehmem Geschmack und schwachem Geruch.

Sporenstaub Frisch weiß mit feiner Rosatönung, nach dem Austrocknen mit satterem Rosaton.

Sporen 7—9 × 4—4,5 µm, ellipsoid, an der Oberfläche feinwarzig, farblos.

Vorkommen Von Ende September bis Dezember in Laub- und Nadelwäldern, einzeln oder in Gruppen, häufig sowohl im Flachland als auch in Gebirgsgegenden.

Verwendung Einer der schmackhaftesten Herbstpilze. Am besten zum Einlegen in Essig, aber auch als Beilage zu Fleischgerichten geeignet. In rohem Zustand ist sein Genuß nicht zu empfehlen, da er Hämolysin enthält, das die Auflösung des Farbstoffes der roten Blutkörperchen verursacht. Hämolysin wird beim Kochen vernichtet, deshalb ist ein gut gekochtes oder gedünstetes Gericht aus dem Violetten Rötelritterling unschädlich.

Verwechslung Der Violette Rötelritterling ähnelt auf den ersten Blick dem ungenießbaren Lila Dickfuß *Cortinarius traganus* (Fr. ex. Fr.) Fr., der gelbes, bitteres und widerlich riechendes Fruchtfleisch hat.

LILASTIELIGER RÖTELRITTERLING, MASKIERTER RÖTELRITTERLING, ZWEIFARBIGER RÖTELRITTERLING

Lepista saeva (Fr.) P. D. Orton
Syn.: *Tricholoma personatum* (Fr. ex Fr.) Kumm

Eßbar

Hut Hellcremefarben, falb- oder hellockerfarben, mitunter mit bräunlicher Tönung. Jung halkugelförmig, später gewölbt, alt flach, glatt und kahl, 60−150 mm Durchmesser. Die Lamellen sind jung weißlich, später hellcremefarben, im Alter hellockerfarben, 7−10 mm breit, gedrängt, dünn, am Stiel mit Zähnchen ausgeschnitten.

Stiel Zylindrisch, unten verdickt, voll, 30−70 mm lang und 15−30 mm dick, auf beigefarbigem Grund dunkellila-längsfaserig, so daß er aussieht, als ob er ganz violett sei. Die lila Farbe ist bald intensiver, bald blasser.

Fleisch Dickfleischig, fest, weißlich oder hellcreme, unter der Stieloberfläche manchmal etwas lila, im Schnitt unverfärbend, mit angenehmem Geschmack und unbedeutendem Geruch.

Sporenstaub Weiß mit feinem Rosaton.

Sporen 5,5−7 × 4,5 µm, ellipsoid, an der Oberfläche feinwarzig, farblos.

Vorkommen Von Oktober bis Dezember auf Wiesen und Weiden. Selten auch in lichten Laubwäldern.

Verwendung Ein guter Speisepilz, der hauptsächlich zum Einlegen in Essig, als Beilage zu Fleischgerichten und auf Zwiebeln gedünstet zu Omeletts verwendet wird.

Verwechslung Dem Lilastieligen Rötelritterling ähnelt sehr der ihm Verwandte Veilchen-Rötelritterling *Lepista irina* (Fr.) Bigelow, der sich vor allem durch ziemlich weit entfernte Lamellen, einen hellockerfarbenen Stiel ohne Lilatönung und wohlriechendes, etwas an Veilchenduft erinnerndes Fleisch unterscheidet. Er wächst ziemlich häufig, von Oktober bis Dezember auf Wiesen. Er ist ebenfalls eßbar.

GRÜNLING, ECHTER RITTERLING
Tricholoma flavovirens (Pers. ex Fr.) Lund.
Syn.: *Tricholoma equestre* (L. ex Hook.) Kumm.

Eßbar

Hut Gelbbräunlich oder gelbgrün, in der Mitte am dunkelsten, glatt, eingewachsen radialfaserig, feucht etwas schleimig, an der Oberfläche fast stets mit Sandkörnern verschmutzt. Jung meist gewölbt, später flach, oft unterschiedlich verbogen, 40–120 mm Durchmesser. Lamellen goldgelb, am Stiel mit Zähnchen ausgeschnitten, 5–12 mm breit, dünn, mäßig dichtstehend.

Stiel Zylindrisch, voll, 30–90 mm lang und 10–30 mm dick, an der Oberfläche zuerst längsfaserig, später kahl, gelb oder gelbgrün.

Fleisch Fest und zart, weiß, nur unter der Huthaut fein zitronengelb, an Schnittstellen unverfärbend, mit angenehmem Geruch nach frisch gemahlenem Mehl und süßlichem, haselnußartigem Geschmack.

Sporenstaub Weiß.

Sporen 6–8 × 3,5–5 µm, eiförmig, ellipsoid, Oberfläche glatt, farblos.

Vorkommen Von Oktober bis Dezember in Kiefernwäldern, einzeln oder in größeren Gruppen. Da beinahe die gesamte Entwicklung des Fruchtkörpers unter der Erde stattfindet, ist von ihm oft nur ein Teil des Hutes im Moos oder in der Nadelstreu zu sehen, weshalb ihn unerfahrene Pilzsammler auch schwer finden. Am häufigsten wächst er auf sandigen Böden.

Verwendung Ein vorzüglicher Speisepilz, der sich für Suppen oder als Beilage zu verschiedenen Fleisch- und Eierspeisen eignet.

Verwechslung Dem Grünling ähnelt auffallend der mäßig giftige Schwefelritterling *Tricholoma sulphureum* (Bull. ex Fr.) Kumm. Dieser unterscheidet sich von dem oben genannten durch kleineren Wuchs, etwas entfernte Lamellen und gelbes, widerlich riechendes Fleisch. Er wächst von Juli bis Oktober in Laub- und Nadelwäldern.

SCHWARZFASERIGER RITTERLING, SCHNEERITTERLING
Tricholoma portentosum (Fr.) Quél.

Eßbar

Hut Hell oder dunkelgrau, oft mit violetter Tönung, 40—100 mm Durchmesser. Jung kegelförmig gewölbt, später ganz flach, am Rand lappig-wellig oder verbogen, in der Mitte oft mit stumpfem Buckel. Die Oberhaut ist glatt und kahl, mit eingewachsenen strahligen Fasern, im Alter meist rissig, feucht und sehr schmierig.
Die Lamellen sind erst weiß, später gräulich mit zitronengelbem Ton, 5—10 mm breit, mäßig dichtstehend, dünn, am Stiel mit Zähnchen ausgeschnitten.

Stiel Zylindrisch, voll, 50—100 mm lang und 10—20 mm dick, an der Oberfläche glatt, kahl oder feinflockig, weiß mit gelblichem oder gräulichem Ton.

Fleisch Weiß oder wässeriggrau, oft mit feinem gelblichem Schimmer, sehr angenehmer Geschmack und Geruch nach frisch gemahlenem Mehl.

Sporenstaub Weiß.

Sporen 6—7 × 4—5 µm, eiförmig, elliptisch, an der Oberfläche glatt, farblos.

Vorkommen Von Oktober bis Dezember in Kiefernwäldern, zusammen mit dem Grünling, fast immer in großen Gruppen.

Verwendung Ein ausgezeichneter Speisepilz, ebenso schmackhaft wie der Grünling. Er eignet sich für Suppen, zum Braten nach ,,Wiener Art", zum Einlegen in Essig sowie zum Trocknen.

Verwechslung Der Schwarzfaserige Ritterling hat gewisse Ähnlichkeit mit dem Erd-Ritterling *Tricholoma terreum* (Schaeff. ex Fr.) Kumm., der sich von dem ersteren durch eine faserig-schuppige Hutoberfläche und graue, weit entfernte Lamellen unterscheidet. Er wächst von Ende September bis zum Winter in Nadel- und Laubwäldern. Obwohl eßbar, ist er jedoch nicht so wohlschmeckend wie der Schwarzfaserige Ritterling. Der Schwarzfaserige Ritterling kann von unerfahrenen Pilzsammlern auch leicht mit dem mäßig giftigen Brennenden Ritterling *Tricholoma virgatum* (Fr.) Kumm. verwechselt werden, der sich von diesem durch schlankeren Wuchs, aschgrauen Hut mit einem kegelförmigem Buckel in der Mitte, gräuliche Lamellen und brennend scharfes Fleisch unterscheidet.

TIGER-RITTERLING
Tricholoma pardatotum Herink et Kotl.
Syn.: *Tricholoma pardinum* Quél.

Giftig

Hut Graubraun oder schwarzgrau, mit feinen faserigen Schuppen bedeckt, die in der Mitte am dichtesten sind. Jung glockig gewölbt, später flach ausgebreitet, 60—120 mm Durchmesser, Lamellen jung weiß, oft mit grünlichem Ton, im Alter hellgelblich, niemals jedoch grau. Am Stiel mit Zähnchen ausgeschnitten, ziemlich entfernt, 8—12 mm breit.
Stiel Zylindrisch oder keulenförmig, voll, 40—80 mm lang und 20—35 mm dick. An der Oberfläche zunächst feinfaserig, später fast kahl, weiß, nur in der unteren Hälfte ockerfarben, an der Basis bis ockerrostfarben.
Fleisch Weiß, an Schnittflächen unverfärbend, mit mildem Geschmack und mehlartigem Geruch.
Sporenstaub Weiß.
Sporen 8—10 × 6—7 µm, eiförmig oder elliptisch, an der Oberfläche glatt, farblos.
Vorkommen Von August bis Oktober in Nadel- und Laubwäldern, einzeln und verstreut, ein ziemlich selten vorkommender Pilz.
Achtung Ein stark giftiger Pilz, der sehr schmerzhafte Vergiftungen verursacht.
Verwechslung Dem Tiger-Ritterling ähnelt auf den ersten Blick der Rotblättrige oder Rötende Ritterling *Tricholoma orirubens* Quél. Er unterscheidet sich durch feinere, olivbraungraue Schuppen am Hut, aber vor allem dadurch, daß er in der Reife rosa Lamellen hat. Er wächst von September bis November in Laubwäldern, am häufigsten unter Buchen. Er ist eßbar.

SAMTFUSS-RÜBLING, WINTERPILZ
Flammulina velutipes (Curt. ex Fr.) Sing.
Syn.: *Collybia velutipes* (Curt. ex Fr.) Kumm.

Eßbar

Hut Gelborange, orange bis gelbbraun, glatt, kahl, am Rand wegen durchschimmernder Lamellen gestrichelt, bei feuchter Witterung sehr schmierig, jung halbkugelförmig bis gewölbt, später flach, 15—70 mm Durchmesser.
Lamellen zuerst hellcremefarben, später ockergelb, wenig gedrängt, bauchig, am Stiel abgerundet, 5—12 mm breit.

Stiel Zentral, selten auch etwas exzentrisch, zylindrisch, röhrig-hohl, 50—100 mm lang und 3—12 mm dick, an der Spitze gelbrötlich oder honiggelb, kahl, am restlichen Teil dunkelbraun bis schwarzbraun und samtig.

Fleisch Dünn, weiß oder cremefarben, an Schnittflächen unverfärbend, Geschmack mild, Geruch roh schwach laugenartig, in gekochtem Zustand angenehm würzig.

Sporenstaub Weiß.

Sporen 6—9 × 4—4,5 µm, zylindrisch oder länglich-elliptisch, an der Oberfläche glatt, farblos.

Vorkommen Von Oktober bis Dezember an Laubholzstrünken und -stämmen, fast immer in dichten Büscheln. Am zahlreichsten an Pappeln und Weiden. Bei nur mäßigen Frösten im Winter wächst er bis zum März.

Verwendung Ein Speisepilz, der für Suppen und zum Einlegen in Essig geeignet ist. Er wird nur durch den Schleim auf der Hutoberfläche etwas entwertet, der sich nur relativ schwer entfernen läßt. Trotzdem wird er von Pilzsammlern sehr geschätzt, da er im Winter wächst, wenn es nur wenig andere Pilze gibt.

Verwechslung Der Samtfuß-Rübling kann praktisch nicht mit anderen Pilzen verwechselt werden. In Frage kommen eventuell einige Schwefelkopfarten oder das Stockschwämmchen *Kuehneromyces mutabilis* (Fr.) Sing. et A. H. Smith. Alle diese büschelig wachsenden Pilze haben im Unterschied zum Samtfuß-Rübling dunkelgefärbte Lamellen.

NELKEN-SCHWINDLING
Marasmius oreades (Bolt. ex Fr.) Fr.

Eßbar

Hut Hygrophan, feucht rötlichockerfarben oder braungelb, bei Trokkenheit ockerfarben bis hellcremefarben, am Rand wegen durchschimmernder Lamellen gestrichelt, glatt und kahl, jung stumpfkegelförmig oder halbkugelförmig, später gewölbt, im Alter flach, in der Mitte häufig mit flachem Buckel, 20—50 mm Durchmesser.
Lamellen weitstehend, 3—6 mm breit, bei feuchter Witterung ockergelb, trocken cremefarben bis weißlich.

Stiel Zylindrisch, voll, 40—70 mm lang und 3—4 mm dick, elastisch, nicht brüchig, hellockerfarben, jung feinfilzig, später kahl.

Fleisch Dünn, weißlich, an Schnittstellen unverfärbend mit angenehmem Pilzgeruch und vorzüglichem Geschmack.

Sporenstaub Weiß.

Sporen 8—10 × 4—5 µm, eiförmig oder elliptisch, an der Oberfläche glatt, farblos.

Vorkommen Wächst von Mitte Mai bis Ende November auf Wiesen, in Gärten, im Gras an Feldwegen und an Waldrändern, meistens massenhaft nach ergiebigen Regenfällen. Häufig sowohl im Flachland als auch im Gebirge.

Verwendung Ein ausgezeichneter Speisepilz, vor allem für Suppen, denen er einen besonderen, angenehmen Geschmack gibt, geeignet.

Verwechslung Große Ähnlichkeit mit dem Nelken-Schwindling hat auf den ersten Blick der Waldfreund-Rübling *Collybia dryophila* (Bull. ex Fr.) Kumm. Er wächst von Mai bis Dezember in Laub- und Nadelwäldern. Stets wächst er sehr zahlreich, ist eßbar, kommt im Geschmack aber nicht dem Nelken-Schwindling gleich. Sein Hut ist hygrophan, feucht braunocker bis hellbraun, trocken hellcremefarben, glatt und kahl. Jung glockenförmig, später flach, 20—60 mm Durchmesser. Lamellen sehr dichtstehend, jung weiß, alt ockercremefarben. Stiel zylindrisch, röhrenartig-hohl, 30—70 mm lang und 3—5 mm dick, zart, brüchig, ockerbräunlich oder rotbraun. Das Fleisch ist sehr dünn, weißlich, mit mildem Geschmack und unangenehmem Geruch, Sporenstaub weiß, Sporen 6—7 × 3—4 µm, elliptisch, glatt, farblos.

FUCHSIGER SCHEIDENSTREIFLING, GELBBRÄUNLICHER SCHEIDENSTREIFLING
Amanita fulva (Schaeff.) ex Pers.

Eßbar

Hut 30−100 mm Durchmesser. Zuerst glockenförmig, dann gewölbt bis flach, in der Mitte mit einem Buckel, am Rand gerieft, gelbbraun, orangebraun oder rotbraun, kahl, bei feuchter Witterung klebrig-schmierig. Die Lamellen sind 5−10 mm breit, etwas entfernt stehend, weiß oder cremefarben, am Stiel frei, am Hutrand abgerundet.

Stiel 80−150 mm lang und 8−12 mm dick, zylindrisch, oben dünner, unten dicker, Reif röhrenförmig hohl, spröde, an der Oberfläche weiß, glatt und kahl, ohne Ring, an der Basis eine weiße oder ockerfarbene lose häutige Scheide, die oft bis zu einem Viertel der Stielhöhe hinaufreicht.

Fleisch Weiß, dünn, brüchig, Geschmack süßlich, Geruch unauffällig

Sporenstaub Weiß.

Sporen 9−12 μm, kugelförmig, an der Oberfläche glatt, farblos.

Vorkommen Von Juni bis Oktober in Laub- und Nadelwäldern. Einzeln oder in kleineren Gruppen.

Verwendung Ein eßbarer Pilz, jedoch wenig ergiebig. Außerdem ist er sehr brüchig und zerbröckelt leicht im Korb. Er sollte nicht in größeren Mengen verzehrt werden, da er dann eine schwache Vergiftung hervrufen kann.

Verwechslung Der Fuchsige Scheidenstreifling ist mit dem Grauen Scheidenstreifling *Amanita vaginata* (Bull. ex Fr.) Vitt., der sich vor allem durch eine graue Hutfarbe unterscheidet, verwandt. Er wächst von Juli bis Oktober in Laub- und Nadelwäldern und ist genauso eßbar wie der Fuchsige Scheidenstreifling.

ROTER FLIEGENPILZ
Amanita muscaria (L. ex Fr.) Hook.

Giftig

Hut Scharlachrot bis karminrot, mit weißen, konzentrisch angeordneten Resten der Allgemeinhülle. Jung fast kugelförmig, später gewölbt, schließlich flach, am Rand gerieft, 100—200 mm Durchmesser.
Lamellen weiß bis cremegelblich, 6—12 mm breit, dichtstehend, am Stiel frei, am Hutrand abgerundet.
Stiel Zylindrisch, nach unten in einer angespitzten Knolle endend, jung meist voll, alt röhrenartig hohl, 80—200 mm lang und 10—35 mm dick, leicht aus dem Fleisch des Hutes herauslösbar. Im oberen Drittel mit einem stattlichen Ring, an der Oberfläche weiß, flockig oder schuppig, an der basalen Knolle mit einigen warzigen Gürteln.
Fleisch Weiß, unter der Huthaut sattgelb, an Schnittflächen unverfärbend, Geschmack süßlich, Geruch unbedeutend.
Sporenstaub Weiß.
Sporen 10—12 × 6—7 μm, elliptisch, Oberfläche glatt, farblos.
Vorkommen Von August bis November in Nadel- und Laubwäldern, einzeln oder in größeren Gruppen. Am häufigsten in Gebirgsfichtenwäldern.
Achtung Obwohl er ein Giftpilz ist, ist er doch nicht sehr gefährlich, da er gut zu erkennen ist. Seine Giftwirkungen werden von Laien oft überschätzt, in Wirklichkeit ist er jedoch weit weniger gefährlich als einige weitere Arten der giftigen Fliegenpilze. Aufgrund der halluzinogenen Wirkung einiger Giftstoffe des Roten Fliegenpilzes haben manche asiatische Völker aus dem Absud dieses Pilzes eine berauschende Droge hergestellt und diese bei festlichen Gelegenheiten getrunken. In der Vergangenheit wurde in einigen europäischen Ländern aus dem Roten Fliegenpilz ein Lockmittel für Fliegen hergestellt, an dem sie zugrunde gingen.
Verwechslung Ein Verwandter des Roten Fliegenpilzes ist der Königs-Fliegenpilz *Amanita regalis* (Fr.) Michael, der sich durch einen braunen Hut und einen gelblichen Stiel unerscheidet. Er wächst in Sommer und Herbst in Gebirgsfichtenwäldern und ist ebenfalls giftig.

PERLPILZ
Amanita rubescens (Pers. ex Fr.) S. F. Gray

Eßbar

Hut Jung hellrosa, später fleischrosa bis rotbraun, mit unregelmäßigen weißlichen oder fleischfarbenen Resten der Allgemeinhülle bedeckt. Anfangs fast kugelförmig, dann gewölbt, schließlich flach und am Rand undeutlich gerieft, 50−150 mm Durchmesser.
Lamellen sind jung weiß, alt rot oder rotbraun-fleckig, 8−12 mm breit, dichtstehend, am Stiel frei, am Hutrand abgerundet.

Stiel Zylindrisch, nach unten in einer angespitzten Knolle endend, jung voll, später wattig ausgestopft bis röhrig-hohl, 60−180 mm lang und 15−40 mm dick. An der Oberfläche glatt oder schuppig, ganz weiß, nur an der Basis rötlich, im oberen Drittel mit einem dicken weißen Ring, der an der Außenseite auffällig gerieft ist. Der Stiel läßt sich leicht aus dem Hut herausbrechen.

Fleisch Dick, fleischig und zart, weißlich, färbt sich an Schnittflächen langsam rosa, am deutlichsten wird die Rosafärbung an der Stielbasis, die meist immer von Insektenlarven befallen ist.
Geschmack in rohem Zustand unangenehm nach rohen Kartoffeln, schwacher Geruch.

Sporenstaub Weiß.

Sporen 8−9 × 5,6−7 µm, elliptisch, an der Oberfläche glatt, farblos.

Vorkommen Von Juni bis November in Laub- und Nadelwäldern, meist in größeren Gruppen, häufig sowohl im Flachland als auch im Gebirge.

Verwendung Ein guter Speisepilz, der vor allem zum Braten nach „Wiener Art" geeignet ist. Er ist sehr leicht an dem rot anlaufenden Fruchtfleisch in der Stielbasis und an dem stattlichen gerieften Ring zu erkennen.

Verwechslung Der Perlpilz kann kaum mit anderen, giftigen Wulstlingsarten verwechselt werden. Lediglich helle Varietäten des giftigen Pantherpilzes *Amanita pantherina* (DC. ex Fr.) Krombh. könnten zu Verwechslungen führen. Von diesem und allen anderen ähnlichen Arten unterscheidet er sich gerade durch das feine Rotverfärben des Fleisches, vor allem an der Stielbasis.

PANTHERPILZ
Amanita pantherina (Dc. ex Fr.) Krombh.

Giftig

Hut Jung umbrabraun, im Alter hellbraun bis gelbbraun, mit weißen Resten der Allgemeinhülle bedeckt. Anfangs fast kugelförmig, später halbkugelförmig bis gewölbt, schließlich flach ausgebreitet und am Rand deutlich gerieft, 60—120 mm Durchmesser. Lamellen weiß, dicht gedrängt, 6—10 mm breit, am Stiel frei, am Hutrand abgerundet.

Stiel Zylindrisch, an der Basis knollig verdickt, 60—150 mm lang und 6—20 mm dick, weiß, glatt, glänzend, im oberen Drittel mit glattem, herabhängendem Ring, der im allgemeinen bald verschwindet, über der Knolle, die von einer angewachsenen Scheide eingehüllt ist, befinden sich mitunter 1 bis 3 ringförmige Gürtel, die von der aufgeplatzten Oberschicht des Stiels herrühren. Jung voll, in der Reife röhrenartig-hohl, leicht aus dem Hutfleisch herauslösbar.

Fleisch Dünn, weich, weiß, unverfärbend, mit mildem Geschmack und unbedeutendem Geruch.

Sporenstaub Weiß.

Sporen 10—12 × 7—8 µm, kurz elliptisch, Oberfläche glatt, farblos.

Vorkommen Von August bis Ende Oktober in Nadel- und Laubwäldern, einzeln oder in kleinen Gruppen. Sehr häufig sowohl in tieferen als auch in höheren Lagen.

Achtung Ein sehr giftiger Pilz, der schwere Vergiftungen verursacht.

Verwechslung Wenig erfahrene Pilzsammler verwechseln den Pantherpilz oftmals mit dem Grauen Wulstling (Gedrungenen Wulstling) *Amanita spissa* (Fr.) Opiz, der sich vor allem durch robusteren Wuchs unterscheidet. Sein Hut ist grau oder braungrau, dicht mit weißlichen oder gräulichen Resten der Allgemeinhülle bedeckt, am Rand meist glatt, nicht gerieft. Der Stiel ist auffallend dick, an der Basis mit einer spitzigen Knolle, im oberen Drittel mit einem stattlichen gerieften Ring. Das Fleisch riecht unangenehm erdig oder nach Radieschen. Obwohl der Graue Wulstling nicht schädlich ist, ist es nicht ratsam, ihn zum Essen zu sammeln, da es zu einer Verwechslung mit dem giftigen Pantherpilz kommen kann.

GRÜNER KNOLLENBLÄTTERPILZ
Amanita phalloides (Fr.) Link

Tödlich giftig

Fruchtkörper Im anfänglichen Entwicklungsstadium hat der Grüne Knollenblätterpilz eine eiförmige Gestalt. Der junge Fruchtkörper ist völlig von einer weißen häutigen Allgemeinhülle umgeben. Nach dem Zerreißen der Hülle differenziert er sich in Stiel und Hut und ein Hüllrest bleibt als weiße lappige Scheide an der Stielbasis zurück.

Hut Sehr variabel gefärbt. Am häufigsten gelbgrün, olivgrün, braungrün, graugrün oder auch grauweißlich, in der Mitte jeweils am dunkelsten. Selten ockerfarben und weiß. Jung glockenförmig gewölbt, im Alter flach, 60—150 mm Durchmesser. Huthaut mit Perlmuttglanz, fein eingewachsen faserig, glatt und kahl.
Lamellen weiß, dicht gedrängt, 8—12 mm breit, am Stiel frei, am Hutrand abgerundet.

Stiel Zylindrisch, 50—150 mm lang und 10—25 mm dick, an der Basis knollig verdickt und mit einer weißen häutigen Scheide umgeben. Jung innen voll, später wattig ausgestopft und schließlich röhrig-hohl, leicht vom Hut ablösbar. An der Oberfläche meist weiß, selten gelbgrünlich oder gräulich mit grünlicher Streifenornamentik. Im oberen Drittel mit einem dünnen, weißen herabhängenden Ring.

Fleisch Weich, elastisch, weiß, nur unter der Huthaut leicht gelbbräunlich, an Schnittflächen unverfärbend, Geruch zuerst unauffällig, im Alter unangenehm nach rohen Kartoffeln. Keine Geschmacksprobe, da bereits erbsengroße Stücke zu schweren Vergiftungen führen!

Sporenstaub Weiß.

Sporen 8—10 µm, fast kugelförmig, Oberfläche weiß, farblos.

Vorkommen Von Juli bis Oktober in Laubwäldern, seltener auch in Nadelwäldern.

Achtung Er ist der gefährlichste Giftpilz. Vergiftungen mit diesem Pilz fordern alljährlich mehrere Menschenleben.

Verwechslung Ebenso tödlich giftig ist auch der Weiße Knollenblätterpilz oder Frühlings-Wulstling *Amanita phalloides* var. *verna* Bull. Dieser ist dem Grünen Knollenblätterpilz sehr ähnlich, hat jedoch einen kleineren Hut und ist reinweiß. Er wächst im Flachland, in Laubwäldern, in wärmeren Gebieten vom späten Frühjahr bis zum Ende des Sommers.

SPITZHÜTIGER KNOLLENBLÄTTERPILZ
Amanita virosa (Fr.) Bertillon

Tödlich giftig

Hut In der Regel weiß oder am Scheitel fein gelblich bis ockercremefarben, anfangs kegelförmig, später glockenförmig, in der Reife flach gewölbt, an der Oberhaut glatt, jung bei feuchter Witterung etwas schmierig, sonst trocken und glänzend, 60—100 mm Durchmesser.
Die Lamellen sind weiß, eng, 5—8 mm breit, am Stiel frei, am Hutrand abgerundet.
Stiel Zylindrisch, 80—120 mm lang und 8—15 mm dick, an der Spitze etwas verjüngt, an der Basis knollenartig verdickt und von einer weißen losen Scheide umhüllt, an der Oberfläche weiß, seidig glänzend, faserig-schuppig, im oberen Drittel mit einem weißen dünnen, herabhängenden Ring.
Fleisch Weiß, an Schnittstellen unverfärbend. Keine Geschmacksprobe, da bereits erbsengroße Stücke zu schweren Vergiftungen führen! Unauffälliger Geruch.
Sporenstaub Weiß.
Sporen 7—10 μm, kugelförmig, an der Oberfläche glatt, farblos.
Vorkommen Von August bis Oktober in Vorgebirgs- und Gebirgsnadelwäldern. In den Mischwäldern tieferer Lagen nur selten zu finden.
Verwechslung Der Spitzhütige Knollenblätterpilz hat so bedeutende und stabile botanische Merkmale, daß er mit keinem eßbaren Pilz verwechselt werden kann.
Achtung Ein tödlich giftiger Pilz mit ähnlichen Wirkungen wie der Grüne Knollenblätterpilz.

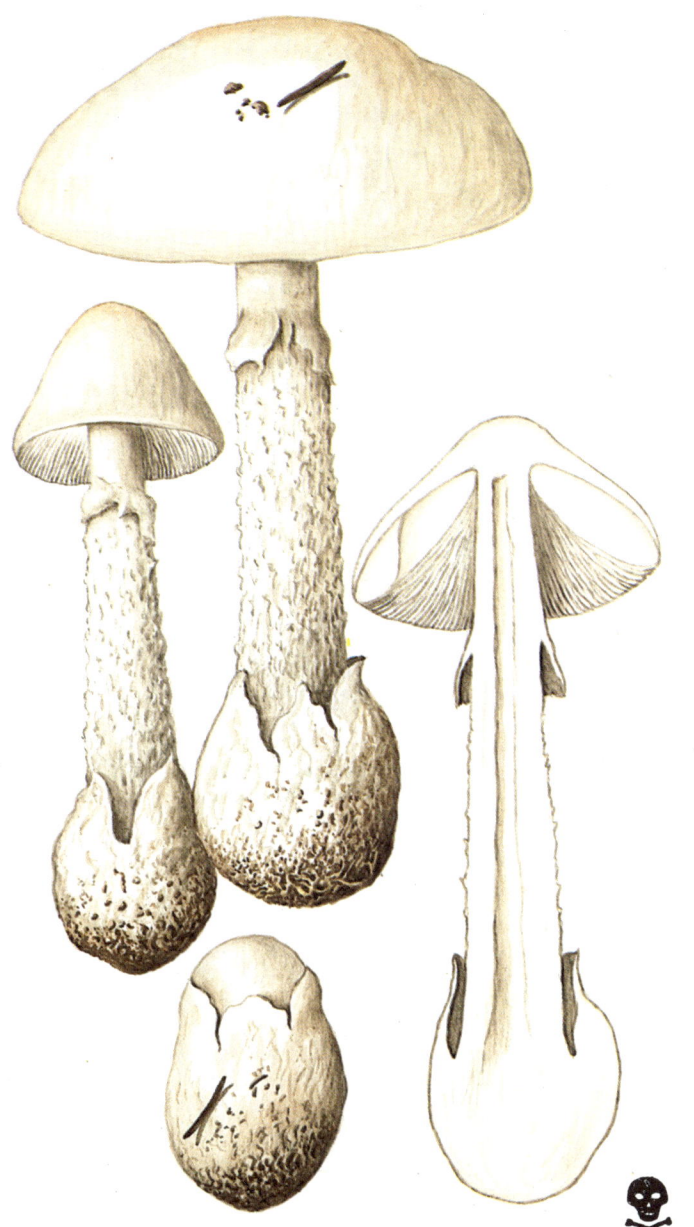

GELBER KNOLLENBLÄTTERPILZ
Amanita citrina (Schaeff.) ex Roques
Syn.: *Amanita mappa* (Batsch. ex Lasch) Quél.

Ungenießbar

Hut Anfangs zitronengelb oder schwefelgelb mit grünlichem Ton, später weißlich mit ockerfarbenen oder bräunlichen Resten der Allgemeinhülle, die oftmals spurlos verschwinden. Jung halbkugelförmig, später gewölbt bis ganz flach, 50—100 mm Durchmesser, bei feuchter Witterung klebrig-matt, bei trockener Witterung glänzend.
Lamellen eng, weiß, 6—12 mm breit, am Stiel frei, am Hutrand abgerundet.

Stiel Zylindrisch, jung voll, später röhrenartig-hohl, 70—150 mm lang und 10—20 mm dick, unten in einer auffälligen halbkugelförmigen Knolle endend, die an ihrem Oberteil wie abgeschnitten aussieht und ganz in eine weiße, angewachsene Scheide gehüllt ist. An der Oberfläche weißlich-gelblich, grünlich oder gelblich, glatt, im oberen Drittel mit einem weichen, herabhängenden gelblichen Ring.

Fleisch Weiß, weich, am Anschnitt unverfärbend, Geschmack roh widerlich rettich- oder rübenartig, Geruch nach Kartoffelkeimen.

Sporenstaub Weiß.

Sporen 7—10 µm, fast kugelförmig, an der Oberfläche glatt, farblos.

Vorkommen Von Ende August bis Mitte November, in Laub- und Nadelwäldern. Ein sehr häufiger Herbstpilz.

Verwendung Ungenießbar, aber unschädlich. In der Vergangenheit galt er als giftig.

Verwechslung Bei flüchtigem Hinsehen ähnelt er oft dem Grünen Knollenblätterpilz, vor allem dann, wenn von der Hutoberhaut die Reste der Allgemeinhülle verschwunden sind. Außerdem ähnelt der Gelbe Knollenblätterpilz ziemlich dem Narzissengelben Wulstling *Amanita gemmata* (Fr.) Gill., der sich durch ockergelbe Färbung des Hutes und kleineren Wuchs des Fruchtkörpers unterscheidet. Er wächst von Mai bis Oktober in Laub- und Nadelwäldern. Er ist giftig.

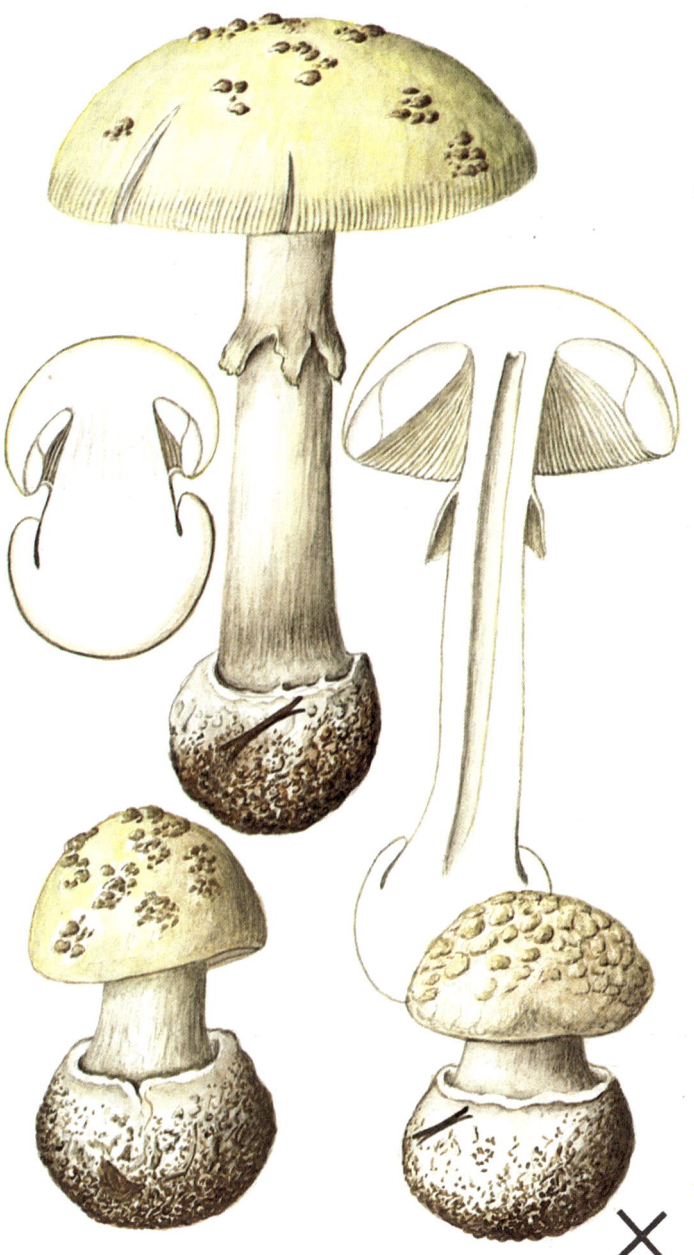

REHBRAUNER DACHPILZ
Pluteus cervinus (Schaeff. ex Fr.) Kumm.
Syn.: *Pluteus atricapillus* (Secr.) Sing.

Eßbar

Hut 50—120 mm breit, jung glockenförmig, später gewölbt bis flach, am Scheitel oft gebuckelt, braun, graubraun bis grau, kahl, im Alter oft radial—rissig, vor allem bei trockener Witterung. Lamellen 10—15 mm breit, eng, bauchig, am Stiel frei, am Hutrand abgerundet, jung weiß, in der Reife fleischrosa.
Stiel Zylindrisch, voll, 70—120 mm lang und 10—15 mm dick, weiß oder hellgrau, schwarz längsfaserig, leicht aus dem Hut herauszubrechen.
Fleisch Weich, weißlich, an Schnittstellen unverfärbend, Geschmack und Geruch unbedeutend.
Sporenstaub Fleischfarben.
Sporen 8—9 × 5—6 µm, kurz-elliptisch, an der Oberfläche glatt, hellrosa.
Vorkommen Von April bis Mitte Dezember in Laubwäldern, die Fruchtkörper wachsen an Baumstümpfen oder an abgestorbenen Stämmen von Laubhölzern, einzeln oder in kleinen Büscheln.
Verwendung Ein eßbarer, aber wenig schmackhafter Pilz. Er hat sehr wässeriges Fruchtfleisch und zwischen den Lamellen halten sich oft Insekten auf.
Verwechslung Dem Rehbraunen Dachpilz ähnelt der Schwarzschneidige Dachpilz *Pluteus atromarginatus* (Konr.) Kühn., der sich durch einen schwärzlichen, am Scheitel schuppigen Hut, Lamellen, die an der Schneide schwarz sind, und vor allem durch sein Wachsen an abgestorbenen Nadelhölzern von diesem unterscheidet. Er ist eßbar, hat den gleichen Geschmack wie der Rehbraune Dachpilz, kommt aber weitaus seltener vor.

ANSEHNLICHER SCHEIDLING
Volvariella speciosa (Fr. ex Fr.) Sing.
Syn.: *Volvaria speciosa* (fr.) Kumm.

Eßbar

Hut	60—120 mm breit, jung kegelförmig-glockig, später gewölbt bis ganz flach, in der Mitte oft mit einem stumpfen Buckel, an der Oberfläche schmutzigweiß oder grau, in der Mitte graubraun, glatt, kahl, bei feuchter Witterung schleimig, sonst trocken und seidig glänzend. Die Lamellen sind 8—12 mm breit, eng, am Stiel frei, am Hutrand abgerundet, jung weiß, reif — fleischfarben.
Stiel	Zylindrisch, voll, ohne Ring, 100—150 mm lang und 10—30 mm dick, an der Basis knollig verdickt und mit einer weißen oder ockergelben losen Scheide umhüllt, Oberfläche weiß, glatt und seidig glänzend.
Fleisch	Weiß, an Schnittstellen unverfärbend, Geschmack und Geruch unauffällig.
Sporenstaub	Fleischfarben.
Sporen	12—18 × 8—10 µm, kurz-elliptisch, an der Oberfläche glatt, hellrosa.
Vorkommen	Im Mai und Juni in Garten- und Parkanlagen, auf gut gedüngtem Boden. Einzeln oder in kleinen Gruppen.
Verwendung	Ein eßbarer Pilz, allerdings nicht besonders schmackhaft. In der Vergangenheit galt er als giftig.
Verwechslung	Auf lebenden und abgestorbenen Laubbäumen wächst im Sommer der Wollige Scheidling *Volvariella bombycina* (Schaeff. ex Fr.) Sing. Dieser hat einen seidenfaserigen, weißen oder hellgelblichen Hut, einen weißen Stiel, der unten in eine weiße oder ockerfarbene Scheide gehüllt ist. Er ist eßbar.

PARASOL, RIESEN-SCHIRMPILZ
Macrolepiota procera (Scop. ex Fr.) Sing.
Syn.: *Lepiota procera* (Scop. ex Fr.) Kumm.

Eßbar

Hut Anfangs ganz braun, mit fortschreitendem Wachstum des Fruchtkörpers platzt die braune Haut in grobe, abstehende (sparrige) Schuppen, zwischen denen das faserige weiße oder cremefarbene Fruchtfleisch hindurchschimmert. Jung eiförmig, später kegelförmig gewölbt, im Alter flach, in der Mitte mit braunem warzigem Buckel. 100−300 mm Durchmesser, Hutrand meist weißlich fransig. Lamellen gedrängt, bauchig, 10−18 mm breit, am Stiel abgesetzt, jung weiß, im Alter sahnebis cremefarben.
Stiel Zylindrisch, an der Basis auffallend knollig verdickt, 200−400 mm lang und 20−40 mm dick. Innen anfangs wattig ausgestopft, alt röhrenförmig-hohl, leicht aus dem Hutfleisch herauslösbar. An der Oberfläche zunächst zusammenhängend braun, später unregelmäßig felderig-rissig, im oberen Drittel mit einem doppelten verschiebbaren Ring. An der Basis weißfilzig.
Fleisch Weiß, im Hut wattig, im Stiel holzig-faserig, mit angenehmem Geruch und mildem Geschmack.
Sporenstaub Weiß.
Sporen 15−20 × 10−13 μm, elliptisch, Oberfläche glatt, farblos.
Vorkommen Von Juli bis Oktober in Laub- und Nadelwäldern, vor allem auf gut erwärmten Lichtungen und Kahlschlägen. Einzeln oder in größeren Gruppen.
Verwendung Ein ausgezeichneter Speisepilz. Zum Essen werden in der Regel nur junge und mittel entwickelte Hüte verwendet, die nach der Art von Wiener Schnitzeln zubereitet werden. Vor der Zubereitung wird die Hutoberhaut mit einem scharfen Messer abgeschält, da sie sich nicht ablösen läßt.
Verwechslung Der verwandte Rötende oder Safran-Schirmpilz *Macrolepiota rhacodes* (Vitt.) Sing. unterscheidet sich von dem obigen durch einen dichter-schuppigen Hut, einen kahlen Stiel mit rot verfärbendem Fleisch, er ist ebenfalls eßbar, aber weniger schmackhaft als der Parasol.

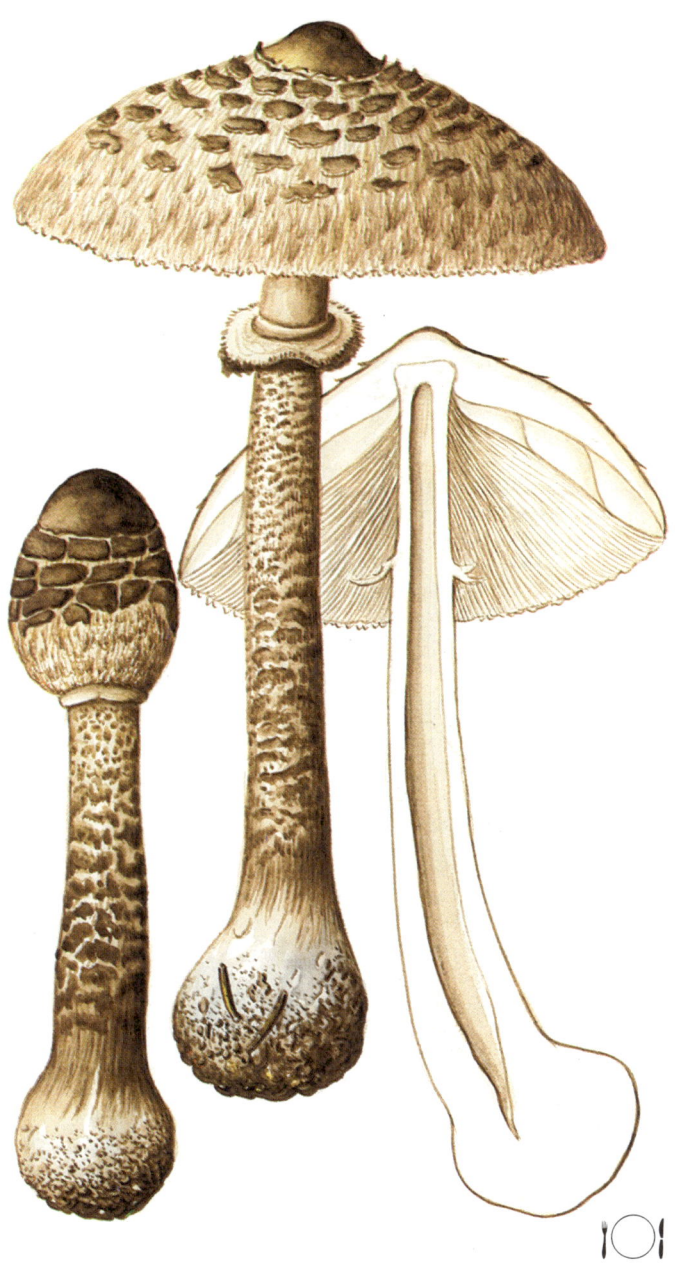

RÖTENDER SCHIRMPILZ, SAFRAN-SCHIRMPILZ
Macrolepiota rhacodes (Vitt.) Sing.
Syn.: *Lepiota rhacodes* (Vitt.) Quél.

Eßbar

Hut Anfangs fast kugelförmig, dann gewölbt und schließlich flach, in der Mitte mit einem Buckel, 50—150 mm Durchmesser. Die Hutoberhaut platzt bald in breite, regelmäßige ringförmig angeordnete Schuppen, die zuerst hellbraun, später dunkelbraun sind. Der Buckel in der Mitte des Hutes ist am dunkelsten. Lamellen anfangs weiß, in der Reife an der Schneide rötlich, 12—15 mm breit, eng, bauchig, am Stiel frei.

Stiel Zylindrisch, unten knollig verdickt, reif röhrenförmig-hohl, 100—150 mm lang und 10—15 mm dick, an der Oberfläche glatt und kahl, jung weißlich bis creme-ockerfarben, reif ockerbräunlich, im oberen Drittel mit wattig-faserigem verschiebbarem Ring.

Fleisch Weiß, an Schnittstellen orangerot verfärbend, später braunwerdend. Geschmack mild, Geruch sehr aromatisch.

Sporenstaub Weiß.

Sporen 10—12 × 6—7 µm, elliptisch, Oberfläche glatt, farblos.

Vorkommen Von Juli bis Oktober in Laub- und Nadelwäldern. Sehr oft auch in Akazienhainen vorkommend.

Verwendung Ein guter Speisepilz, obwohl er in seinem Geschmack nicht an den Parasol heranreicht.

Verwechslung Dem Rötenden Schirmpilz ähnelt ziemlich der Jungfern-Schirmpilz *Macrolepiota puellaris* (Fr.) Mos. Er unterscheidet sich durch eine blassere Färbung des Hutes und das nur an der Stielbasis gering rot verfärbende Fruchtfleisch. Er wächst von Ende August bis Oktober in Laubwäldern. Er ist ein guter Speisepilz.

SCHAF-CHAMPIGNON, WEISSER ANIS-EGERLING
Agaricus arvensis Schaeff. ex Fr.
Syn.: *Psalliota arvensis* (Schaeff. ex Fr.) Kumm.

Eßbar

Hut Fast weiß oder cremefarben, glatt, kahl, seidig glänzend, an Druckstellen gilbend. Jung eiförmig, später gewölbt, alt flach, 50—150 mm Durchmesser. Lamellen anfangs grauweißlich, später graubraun, alt dunkelbraun bis schwarzbraun, 8—12 mm breit, dicht gedrängt, am Stiel frei.

Stiel Zylindrisch, an der Basis verdickt, 60—150 mm lang und 10—15 mm dick. Jung gewöhnlich voll, später röhrenartig-hohl, aus dem Hutfleisch leicht herauslösbar. Oberfläche glatt, kahl, ganz weiß, an Druckstellen gilbend. Im oberen Drittel mit einem großen herabhängenden Ring.

Fleisch Weich und elastisch, jung reinweiß, in überalterten Fruchtkörpern manchmal gelblich. Geschmack mild und Geruch nach Anis.

Sporenstaub Schwarzbraun.

Sporen 6—8 × 4—5 µm, eiförmig-elliptisch, an der Oberfläche glatt, purpurrötlich-braun.

Vorkommen Von Juni bis Oktober in Nadelwäldern, obwohl mitunter auch in Laubwäldern. Am häufigsten in Gebirgsfichtenwäldern zu finden.

Verwendung Ein ausgezeichneter Speisepilz, von den Champignonarten wohl der vorzüglichste. Er kann auf verschiedene Art und Weise zubereitet werden. Er ist sehr ergiebig, da er große, dickfleischige Fruchtkörper hat.

Verwechslung Unerfahrene Pilzsammler können den Schaf-Champignon leicht mit dem mäßig giftigen Karbol-Champignon (Karbol-Egerling) *Agaricus xanthoderma* Genev. verwechseln, da sich diese beiden Pilze auf den ersten Blick und vor allem im Anfangsentwicklungsstadium sehr ähnlich sind. Man sollte sich einprägen, daß der Karbol-Champignon jung rosa Lamellen hat und das Fruchtfleisch in der Stielbasis auffallend sattgelb gefärbt ist.

WALD-CHAMPIGNON, WALD-EGERLING
Agaricus silvaticus Schaeff. ex Krombh.

Syn.: *Psalliota silvatica* (Schaeff. ex Krombh.) Kumm.

Eßbar

Hut Anfangs hellockergelb, bald zimtbraun bis blaß umbrabraun, faserig-eingewachsen-schuppig, jung fast kugelförmig, später gewölbt, in der Reife flach ausgebreitet, 40−90 mm Durchmesser.
Lamellen 5−8 mm breit, dicht gedrängt, am Stiel frei, zuerst graurötlich, später bräunlich, in der Reife schokoladenbraun, die rosa Farbe ist im jungen Zustand nicht deutlich.

Stiel Zylindrisch, an der Basis knollig verdickt, 50−120 mm lang und 10−25 mm dick. Jung voll, alt röhrenartig-hohl, läßt sich leicht aus dem Hutfleisch herausbrechen. Oberfläche glatt, fein eingewachsen-faserig, weißlich oder gräulich, im oberen Drittel mit einem weit abstehendem Ring. An verletzten Stellen rötlich verfärbend.

Fleisch Weiß, an Schnittflächen blutrot verfärbend, Geschmack gut, Geruch unbedeutend.

Sporenstaub Schwarzbraun.

Sporen 5,5−6 × 3,5−4 µm, eiförmig, Oberfläche glatt, rotbraun.

Vorkommen Von Juli bis November in Nadelwäldern. Einzeln oder in kleinen Gruppen. Stellenweise sehr zahlreich, vor allem in Fichtenwäldern.

Verwendung Ein guter Speisepilz, geeignet für beliebige Zubereitungsarten.

Verwechslung Dem Wald-Champignon ähnelt sehr der ihm verwandte Blut-Champignon (Blut-Egerling) *Agaricus haemorrhoidarius* Kalchbr. et Schulz. Er unterscheidet sich von dem vorher genannten durch größeren Wuchs, dickere und auffallendere Schuppen am Hut und dadurch, daß er jung rosa Lamellen hat. Er wächst in Gebirgsfichtenwäldern, am häufigsten auf Kalkböden. Er ist wertvoller als der Wald-Champignon, da er fleischiger und ergiebiger ist.

WIESEN-CHAMPIGNON, WIESEN-EGERLING
Agaricus campestris L. ex Fr.
Syn.: *Psalliota campestris* (L. ex Fr.) Kumm.

Eßbar

Hut Weiß, seidenfaserig, kahl oder am Scheitel mit spärlichen, graubräunlichen Schuppen bedeckt. Jung fast kugelförmig, später gewölbt und schließlich flach, mit anfangs eingerolltem Rand, 50—120 mm Durchmesser. Bei jungen Pilzen ist der Hutrand durch eine häutige Teilhülle, die die Lamellen bis zu dem Zeitpunkt, zu dem sie aufreißt, verdeckt, mit dem Stiel verbunden. Die Lamellen sind jung rosa, später altrosa, alt dunkelbraun bis schwarzbraun, dichtstehend, 8—10 mm breit, am Stiel frei.
Stiel Zylindrisch, voll, 40—80 mm lang und 20—40 mm dick, läßt sich leicht aus dem Hutfleisch herausbrechen. Oberfläche glatt und kahl, weiß, nur an der Basis oft rotbraun bis dunkelbraun. Im oberen Drittel mit einem weißen, häutigen abstehenden Ring.
Fleisch Kompakt, elastisch, weiß, am Schnitt stellenweiserosa verfärbend, Geschmack sehr angenehm, Geruch würzig.
Sporenstaub Schwarzbraun.
Sporen 7—10 × 5—6 µm, elliptisch, an der Oberfläche glatt, rotbraun.
Vorkommen Von Mai bis November auf Wiesen, Weiden, Stoppelfeldern, Feldrainen, Gärten, Chausseegräben, am häufigsten jedoch an gut gedüngten Orten. Er gedeiht sehr gut auf Viehweiden. Die Fruchtkörper wachsen in großen Gruppen, ja sogar in Hexenringen.
Verwendung Ein ausgezeichneter Speisepilz. Am häufigsten wird er als Beilage zu verschiedenen Fleisch- und Eierspeisen, ferner als Füllung für Brathähnchen, aber auch in Suppen verwendet. Er ist bei weitem schmackhafter als Zuchtchampignons.
Verwechslung Dem Wiesen-Champignon ähnelt in seinem Äußeren sehr der Scheiden-Champignon (Scheiden-Egerling) *Agaricus bitorquis* (Quél.) Sacc., der sich von dem ersteren vor allem dadurch unterscheidet, daß er stets einen kahlen Hut und am Stiel zwei Ringe hat. Er wächst von Mai bis November, meist auf Schuttablagestellen oder an Straßenrändern. Er ist eßbar und wohlschmeckend.

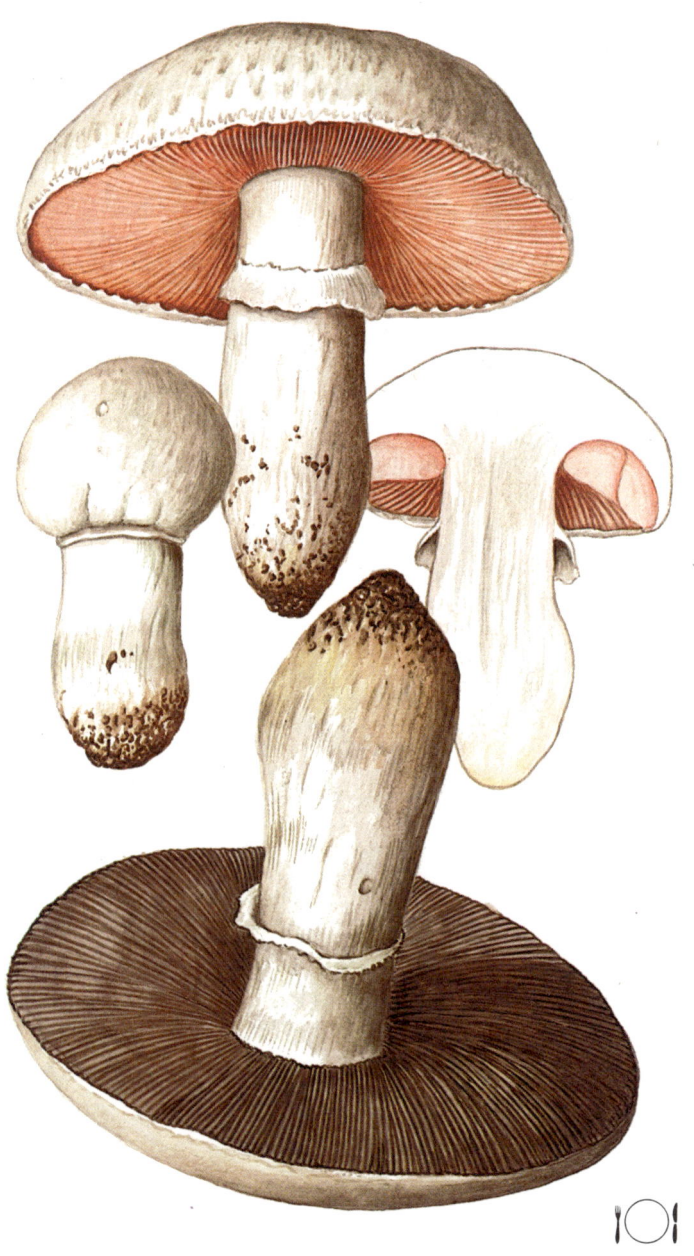

SCHOPF-TINTLING, SPARGELPILZ
Coprinus comatus (Müll. ex Fr.) S. F. Gray

Eßbar

Hut Weiß, am Scheitel ockergelb, Oberfläche faserig-schuppig. Anfangs zylindrisch, später glockenförmig, 50−100 mm hoch und 30−60 mm breit. Alt strahlenförmig aufreißend, der Rand hebt sich nach oben und der ganze Hut löst sich zusammen mit den Lamellen in eine schwarze tintenartige Flüssigkeit auf. Lamellen jung weiß, später rosa bis lila, schließlich schwarz, 10−18 mm breit, dichtstehend und dünn. Alt zerfließend.
Stiel Zylindrisch, röhrenartig-hohl, 100−200 mm lang und 8−20 mm dick, aus dem Hutfleisch leicht herauslösbar. Oberfläche glatt, weiß, mit verschiebbarem Ring, der oft zur Basis des Stiels herabgerutscht ist.
Fleisch Weiß, saftig, im Hut dünn und zart, im Stiel weich-faserig. Geschmack mild und Geruch angenehm, obwohl nicht sehr ausgeprägt.
Sporenstaub Schwarz.
Sporen 10−14 × 6−8 µm, elliptisch, Oberfläche glatt, schwarz.
Vorkommen Von April bis November meist büschelig und in großen Gruppen. Am häufigsten in Gärten, Parkanlagen, auf Wiesen, an Waldwegen, ja sogar an Straßenrändern. Seine weißen Fruchtkörper lenken schon von weitem die Aufmerksamkeit auf sich.
Verwendung Ganz junge Fruchtkörper sind eßbar und schmackhaft. Er wird in Suppen verwendet oder eignet sich als Beilage zu Fleischgerichten. Sobald sich die Lamellen rosaviolett färben, eignet er sich nicht mehr zum Essen.
Verwechslung Neben dem Schopf-Tintling findet man in der Natur sehr oft auch die ihm verwandte Art, den Grauen Falten-Tintling *Coprinus atramentarius* (Bull. ex Fr.) Loud. Sein Hut ist grau bis graubraun, ganz gerieft, der Stiel weiß, nur mit einem angedeuteten Ring. In Gärten, auf Komposthaufen, Schuttablagen, aber auch auf Wiesen und in Wäldern zu finden. Er wächst meist in dichten Büscheln von April bis November. Junge Exemplare sind eßbar, jedoch darf nach ihrem Genuß kein alkoholisches Getränk getrunken werden, da es sonst zu einer schwachen Vergiftung kommen kann.

GRÜNBLÄTTRIGER SCHWEFELKOPF
Hypholoma fasciculare (Huds. ex Fr.) Kumm.
Syn.: *Naematoloma fasciculare* (Huds. ex Fr.) P. Karst.

Giftig

Hut Schwefelgelb, in der Mitte gewöhnlich orange oder bis rostbraun. Jung halbkugelförmig oder glockenförmig, später gewölbt und schließlich flach, Oberfläche glatt und kahl, 30—60 mm Durchmesser.
Lamellen zuerst schwefelgelb, später grün, im Alter violettschwärzlich bis schwarz, 4—6 mm breit, dichtstehend, am Stiel abgerundet angeheftet. Jung ist er mit einem dünnen häutigen Schleier bedeckt, der bald zerreißt.
Stiel Unregelmäßig zylindrisch, oft verschieden gebogen, röhrenartig hohl, 50—100 mm lang und 3—7 mm dick, an der Oberfläche schwefelgelb, glatt und kahl. Jung an der Spitze mit undeutlichem, bald vergehendem Ring aus Schleierresten.
Fleisch Dünn, elastisch, schwefelgelb, mit bitterem Geschmack und unangenehmem Erdgeruch.
Sporenstaub Schwarzviolett.
Sporen 5,5—7 × 4—5 µm, elliptisch, an der Oberfläche glatt, zuerst violett, später braun mit Purpurschattierung.
Vorkommen Wächst sehr häufig und in dichten Büscheln von April bis Dezember auf morschen Laub- und Nadelholzstämmen.
Achtung Noch vor kurzem wurde er wegen seines bitteren Geschmacks nur als ungenießbar betrachtet. Neueste Forschungen und Erfahrungen haben bewiesen, daß er giftig ist.
Verwechslung Dem Grünblättrigen Schwefelkopf ähnelt sehr der Rauchblättrige Schwefelkopf *Hypholoma capnoides* (Fr. ex Fr.) Kumm. Er unterscheidet sich dadurch, daß die Lamellen bereits im jungen Stadium mohngraublau sind und er ausschließlich an Nadelholzstämmen wächst. Mit ihm verwandt ist auch der Ziegelrote Schwefelkopf *Hypholoma sublateritium* (Fr.) Quél., der einen hellrötlichen bis ziegelrötlichen Hut, anfangs gelbliche, später gelbbräunliche, schließlich olivschwarze Lamellen hat. Er wächst von September bis November auf Nadel- und Laubholzstämmen. Sowohl der Rauchblättrige als auch der Ziegelrote Schwefelkopf sind zwar eßbar, jedoch wegen des bitteren Geschmacks nicht besonders zu empfehlen.

ZIEGELROTER RISSPILZ
Inocybe patouillardii Bres.

Giftig

Hut Jung weiß, dann hellockerfarben bis ockerrötlich, im Alter eingewachsen-seidenfaserig und rotbraun. Anfangs kegelförmigglockig, später flach, in der Mitte mit einem Buckel, gewöhnlich radial-aufreißend, oft mit etwas nach oben gebogenem Rand, 25—90 mm Durchmesser.
Lamellen sind 5—8 mm breit, wenig gedrängt, am Stiel ausgeschnitten, erst weißlich, später olivbräunlich, im Alter braunrot gefleckt, an der Schneide weißlich-flockig.

Stiel Zylindrisch, an der Basis etwas knollig-verdickt, voll, 30—120 mm lang und 8—20 mm dick, zunächst weiß, später rotgefleckt oder auch ganz rot eingewachsen längsfaserig.

Fleisch Weiß, an Schnittflächen stellenweise rot verfärbend, Geschmack mild und schwach nach Früchten duftend.

Sporenstaub Ockerbraun.

Sporen 9—14 × 5—8 μm, nierenförmig, an der Oberfläche glatt, hellocker.

Vorkommen Von Ende Mai bis Anfang Oktober in Laubwäldern und Parkanlagen, am häufigsten unter Buchen. Einzeln und verstreut.

Achtung Ein gefährlicher Giftpilz, der auch tödliche Vergiftungen verursacht. Die Anzeichen einer Vergiftung treten meist bereits nach 15—30 Minuten in Form von Übelkeit, kaltem Schweiß, Schüttelfrost, Erbrechen und Durchfall auf. Begleitmerkmale der Vergiftung sind Atemnot. Bei einer sehr schweren Vergiftung kann der Tod bereits nach wenigen Minuten durch Lähmung der Herztätigkeit oder Ersticken eintreten. Schwächere Vergiftungen dauern bis zu 12 Stunden und ebenso lang dauert auch die Genesung des Patienten.

Verwechslung In Europa wachsen etwa 130 Arten von Rißpilzen. Obwohl einige Arten davon eßbar sind, ist es nicht ratsam, sie zum Essen zu sammeln, da eine große Gefahr der Verwechslung besteht. Viele Arten sind giftig oder ungenießbar, so daß die Rißpilze als Speisepilze keine Bedeutung haben.

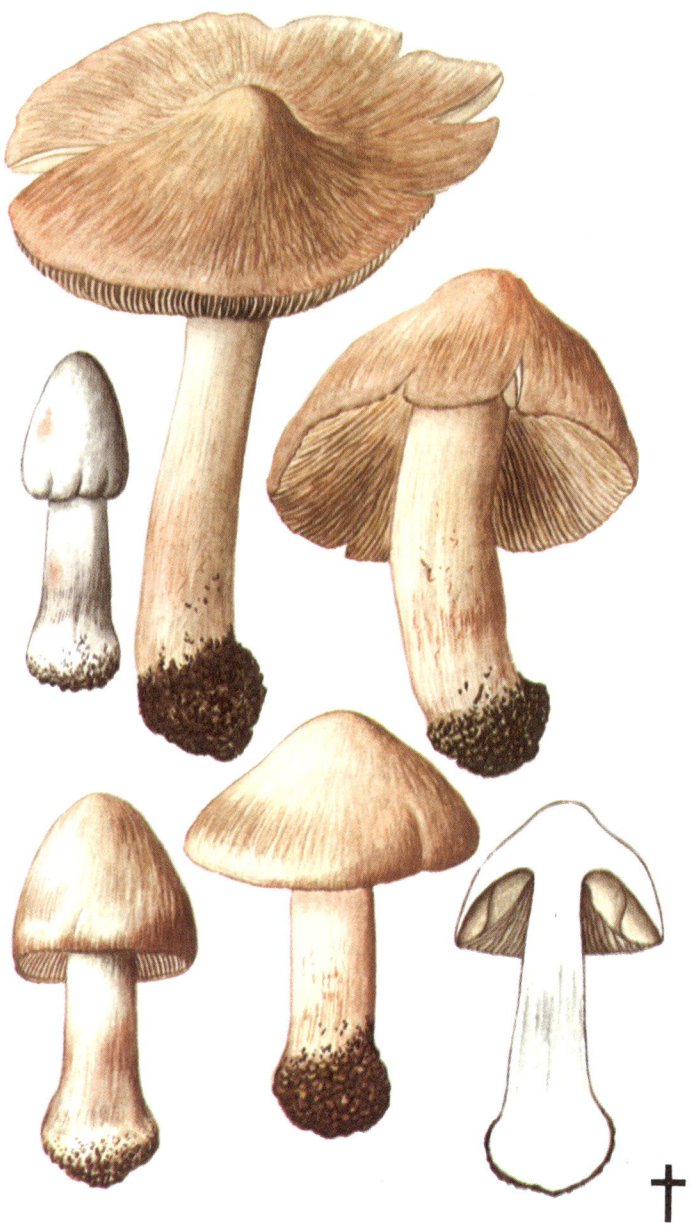

RÜBENSTIELIGER RISSPILZ
Inocybe napipes Lange

Giftig

Hut Umbrabraun, in der Mitte am dunkelsten, anfangs kegelig-glokkenförmig, später flach ausgebreitet, in der Mitte ein auffälliger Buckel, jung kahl, später feinfaserig, reif deutlich faserig und radial-rissig, 30—60 mm Durchmesser.
Lamellen zuerst weißlich, später hellgrau, reif hellbraun, 4—6 mm breit, eng, am Stiel zuerst angewachsen, später fast frei (angeheftet).
Stiel Zylindrisch, an der Spitze etwas verjüngt, an der Basis knollig verdickt, voll, 50—80 mm lang und 4—8 mm dick, an der Oberfläche fein längsfaserig, von gleicher Farbe wie der Hut, nur mit etwas hellerer Schattierung.
Fleisch Weiß oder hellcremefarben, im Stiel etwas braun werdend (außer der knolligen Basis). Geschmack mild, Geruch unauffällig.
Sporenstaub Hellockerbraun.
Sporen 9—10 × 5—6 µm, im Umriß eiförmig, an der Oberfläche unregelmäßig, stumpf höckerig (5—6 Höcker), hellockerfarben.
Vorkommen Von Anfang August bis Ende Oktober in Laubwäldern. Die Fruchtkörper wachsen einzeln oder nur in kleinen Gruppen an feuchten Grasstellen, am häufigsten unter Birken.
Achtung Ein giftiger Pilz.
Verwechslung Giftig ist auch der Kegelige Rißpilz *Inocybe fastigiata* (Schaeff. ex Fr.) Quél., der sich von dem obigen vor allem durch die hellokkerfarbene Tönung des Hutes, einen weißlichen Stiel und weißes, nicht braun verfärbendes Fleisch unterscheidet. Er wächst von Juni bis Oktober in Nadel- und Laubwäldern. Er ist viel häufiger als der Rübenstielige Rißpilz.

ORANGEFUCHSIGER HAUTKOPF, GIFTKOPF

Dermocybe orellana Fr.
Syn.: *Cortinarius orellamus* Fr.

Tödlich giftig

Hut Zimtbraun, braunrot, bis braun, in der Mitte gewöhnlich dunkler, am Rand heller, fein eingewachsen-faserig bis schuppig, trocken und glatt. Jung halbkugelförmig oder glockig, später gewölbt, am Rand nach unten umgebogen und gewellt, in der Mitte mit einem stumpfen Buckel, 30—80 mm Durchmesser. Lamellen sind 4—8 mm breit, bauchig, entfernt, ziemlich dick, am Stiel ausgeschnitten und mit Zähnchen herablaufend, zunächst hellorange und alt rostbraun. Jung sind die Lamellen von einem cremegelblichen spinnwebartigem Schleier bedeckt.

Stiel Zylindrisch, nach unten verjüngt, voll, 40—80 mm lang und 5—15 mm dick, an der Oberfläche gelblich bis gelblich falb, nach unten zu rostbräunlich, etwas glänzend. Der Rest des cremegelblichen spinnwebartigen Schleiers im oberen Drittel des Stiels verschwindet bald spurlos.

Fleisch Gelblich, stellenweise etwas roströtlich bis rostbräunlich. Geschmack säuerlich und Geruch unbedeutend.

Sporenstaub Rostbraun.

Sporen 9—12 × 5,5—7 µm, breit elliptisch, an der Oberfläche feinwarzig, bräunlich-ocker.

Vorkommen Von Juli bis Oktober in Laubwäldern. Am häufigsten auf Sandböden unter Eichen und Birken. Einzeln oder in kleinen Gruppen vorkommend.

Achtung Stark giftiger Pilz, verursacht gefährliche Vergiftungen, die oft auch tödlich ausgehen.

Verwechslung Dem Orangefuchsigen Hautkopf ähnelt ziemlich der Gelbblättrige Hautkopf *Dermocybe cinnamomeolutescens* (P. D. Orton). Von dem vorherigen unterscheidet er sich durch eine blassere Hut- und Lamellenfarbe und durch den Radieschengeruch seines Fruchtfleisches. Er wächst von Juli bis Oktober in Nadel- und Laubwäldern, ist ungenießbar, aber nicht giftig.

ZIGEUNER, RUNZEL-SCHÜPPLING, REIFPILZ

Rozites caperata (Pers. ex Fr.) P. Karst.
Syn.: *Pholiota caperata* (Pers. ex Fr.) Kumm.

Eßbar

Hut Anfangs auf semmelockerfarbenem Grund hellblau bis violett bereift, nach Verschwinden des Reifes lehmiggelb. Jung eiförmig, später gewölbt, im Alter flach ausgebreitet, trocken radialfurchig und am Rand rissig, 40—100 mm Durchmesser.
Lamellen sind jung lehmiggelb, später rostbräunlich, 4—8 mm breit, dicht gedrängt, am Stiel mit Zähnchen ausgeschnitten, anfangs mit einem weißen häutigen Schleier (Teilvelum) bedeckt.
Stiel Zylindrisch, an der Basis oft verdickt, voll, 50—120 mm lang und 10—25 mm dick, an der Oberfläche seidenfaserig, über dem Ring flockig bis fein-schuppig, gelblich, unter dem Ring hellokkerfarben, an der Basis mit einem Rest der lilafarbigen Allgemeinhülle. Der Ring ist häutig, erst weiß, dann gelblich, abstehend, beständig.
Fleisch Weiß oder hellcremefarben, unter der Huthaut und Stieloberfläche gelblich. Geschmack und Geruch mild.
Sporenstaub Rostbraun.
Sporen 11—13 × 7,5—9 μm, mandelförmig, an der Oberfläche warzig, ockerfarben.
Vorkommen Von Juli bis Oktober, meist immer in großen Gruppen, mit Vorliebe in Fichtenwäldern. Selten ist er auch in Laubwäldern zu finden.
Verwendung Ein guter Speisepilz, der sich auf verschiedene Weise zubereiten läßt. Sehr gut ist er als Beilage zu Fleischgerichten.
Verwechslung Der Zigeuner kann mit keinem Giftpilz verwechselt werden.

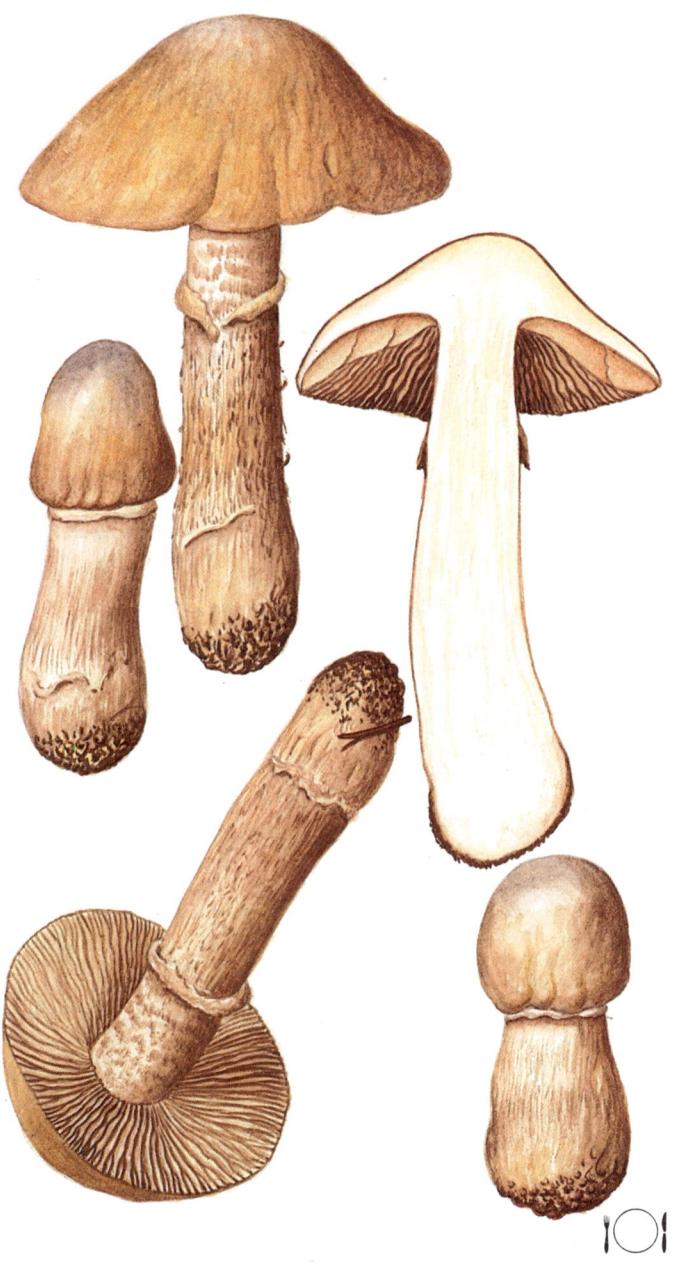

STOCKSCHWÄMMCHEN
Kuehneromyces mutabilis (Fr.) Sing. et A. H. Smith
Syn.: *Pholiota mutabilis* (Fr.) Kumm.

Eßbar

Hut Hygrophan, bei feuchter Witterung rotbräunlich bis zimtbräunlich und schmierig, bei Trockenheit von der Hutmitte zum Rand hin austrocknend, so daß die Mitte hellocker, der Rand bräunlich und von den durchschimmernden Lamellen gestrichelt ist. Jung halbkugelförmig, später gewölbt, im Alter ganz flach, glatt und kahl, in der Mitte mit stumpfem Buckel, 30–60 mm Durchmesser.
Lamellen zunächst lehmiggelb, später rostbraun, 3–5 mm breit, dicht gedrängt, am Stiel angewachsen oder in einer Linie wenig herablaufend. Jung mit weißem häutigen Schleier überzogen.
Stiel Zylindrisch, röhrenartig-hohl, 60–120 mm lang und 5–10 mm dick, über dem Ring bräunlich-ocker und kahl, unter dem Ring braunschuppig, an der Basis schwarzbraun.
Fleisch Im Hut dünn, weißlich, weich und wässerig, im Stiel fest und rostbraun. Geschmack mild und Geruch angenehm.
Sporenstaub Rostbraun.
Sporen 6–7 × 4–5 µm, eiförmig, oben abgeschnitten, an der Oberfläche glatt, hellbraun.
Vorkommen Von April bis Dezember an alten Laubholzstämmen und -bäumen, meist in dichten Büscheln. Überall ein sehr häufiger Pilz. Obwohl er bereits vom zeitigen Frühjahr an wächst, kommt er am häufigsten im Herbst vor.
Verwendung Ein Speisepilz, der für Suppen, Saucen oder als Beilage zu Fleischgerichten geeignet ist. Zum Essen werden nur die Hüte verwendet, da die Stiele knorpelig-hart sind.
Verwechslung Dem Stockschwämmchen ähnelt sehr der giftige Nadelholz-Schüppling *Galerina marginata* (Fr.) Kühn, der im Herbst meist in Büscheln an Nadelholzstämmen wächst. Er unterscheidet sich vor allem dadurch, daß der Stiel unter dem Ring nicht schuppig, sondern kahl ist und er nicht auf Laubholz-, sondern auf Nadelholzstämmen wächst.

MEHL-RÄSLING, MEHLPILZ
Clitopilus prunulus (Scop. ex Fr.) Kumm.

Eßbar

Hut Weiß oder hellgrau, glatt, anfangs fein-filzig, später kahl und glänzend, matt, feucht etwas schmierig. Jung halbkugelförmig, später polsterförmig mit eingerolltem Rand. Alt flach und in der Mitte oft eingedrückt, 30—100 mm Durchmesser.
Lamellen anfangs weiß, später fein fleischfarben 2—4 mm breit, gedrängt, tief am Stiel herablaufend.

Stiel Zylindrisch, nach unten verjüngt, voll, 30—60 mm lang und 7—20 mm dick, zentral oder auch exzentrisch, weiß oder hellgrau, an der Spitze mehlig bestäubt, an der Basis weiß-filzig und meist durch Laub- oder Nadelreste verunreinigt.

Fleisch Weich und elastisch, weiß, an den Schnittflächen unverfärbend. Geschmack mild, angenehm, Geruch nach frisch gemahlenem Mehl.

Sporenstaub Rosa.

Sporen 8—14 × 5—6 µm, spindelförmig, an der Oberfläche mit 6 Längsrippen, hellgelblich mit feinem Rosaton.

Vorkommen Von Juli bis November in Laub- und Nadelwäldern, fast immer in großer Anzahl.

Verwendung Ein guter Speisepilz zur Zubereitung von Saucen und als Beilage zu Fleischgerichten. Auch zum Trocknen geeignet. Wegen seiner weichen Konsistenz eignet er sich nicht zum Einlegen in Essig.

Verwechslung Unerfahrene Pilzsammler können der Mehl-Räsling leicht mit einigen giftigen Trichterlingsarten verwechseln. Man sollte sich jedoch merken, daß die Trichterlinge weiße Lamellen und Sporenstaub haben, während die Räslinge im alten Zustand fein rosafarbene Lamellen und fleischfarbenen Sporenstaub aufweisen.

GIFTIGER RIESEN-RÖTLING
Entoloma sinuatum (Pers. ex Fr.) Kumm.
Syn.: *Entoloma lividum* (Bull. ex St.-Am.) Quél.

Giftig

Hut Weißlich bis grauocker, im Alter graubräunlich, glatt, kahl, fein eingewachsen faserig, seidig glänzend, nicht hygrophan. Jung halbkugelförmig oder glockig-kegelförmig mit eingerolltem Rand, später gewölbt und schließlich flach, manchmal mit einem stumpfen fleischigen Buckel in der Mitte, 60–200 mm Durchmesser.
Lamellen 8–15 mm breit, etwas entfernt, am Stiel mit Zähnchen ausgeschnitten, zunächst weißlich, später cremefarben, dann gelblich lachsrosa, im Alter fleischrot.

Stiel Zylindrisch, an der Basis manchmal verdickt, jung voll, alt schwammig ausgestopft bis röhrenartig-hohl, 40–180 mm lang und 8–30 mm dick, an der Oberfläche zunächst weiß, später ockergelblich, feinfaserig gerillt und seidig glänzend.

Fleisch Weiß und glänzend, an Schnittstellen unverfärbend, Geschmack mild, Geruch nach frisch gemahlenem Mehl.

Sporenstaub Fleischrötlich.

Sporen 9–11 × 8–9 µm, unregelmäßig, 6-eckig, an der Oberfläche glatt, hellgelblich-rosa.

Vorkommen Von Mai bis Anfang Oktober in lichten Laubwäldern, meist in Gruppen, unter Buchen und Eichen. Stellenweise ziemlich zahlreich.

Achtung Ein stark giftiger Pilz. In größerer Konzentration kann der Giftige Riesen-Rötling auch tödliche Vergiftungen bewirken. Da auch weitere Arten der Riesen-Rötlinge giftig sind, ist anzuraten, diese Arten vom Sammeln auszuschließen.

Verwechslung Ungeübte Pilzsammler verwechseln den Giftigen Riesen-Rötling bisweilen mit dem eßbaren Frühlings-Rötling *Entoloma clypeatum* (L. ex Hook.) Kumm. Diese Arten sind manchmal nicht auseinanderzuhalten. Man sollte jedoch wissen, daß der Frühlings-Rötling einen hygrophanen Hut hat und in Gärten und auf Wiesen unter Büschen wächst, während der Giftige Riesen-Rötling keinen hygrophanen Hut hat und in Laubwäldern wächst.

KAHLER KREMPLING, EMPFINDLICHER KREMPLING
Paxillus involutus (Batsch ex Fr.) Fr.

Giftig

Hut Ockerbraun, rostbraun oder olivbraun, glatt, anfangs fein-filzig, später kahl, trocken, matt, bei feuchter Witterung sehr schmierig. Jung gewölbt, am Rand auffällig eingerollt, später flach und in der Mitte oft eingedrückt, 40—120 mm Durchmesser. Lamellen anfangs hellocker, später olivockerfarben, schließlich rostbraun, 4—6 mm breit, dicht, herablaufend, jung meist gewellt, am Stiel häufig ein feines Netz bildend.
Stiel Zylindrisch, voll, 30—60 mm lang und 10—20 mm dick, gelbokker bis ockerbräunlich, glatt, kahl, an Druckstellen braun verfärbend.
Fleisch Weich, elastisch, saftig, anfangs hellgelblich, später gelbbräunlich, an der Stielbasis bis rostbräunlich. Geschmack säuerlich, Geruch unauffällig.
Sporenstaub Ockerbräunlich.
Sporen 8—10 × 5—6 µm, kurz elliptisch, an der Oberfläche glatt, ockerbräunlich.
Vorkommen Häufig von Juni bis Dezember in Laub- und Nadelwäldern, fast immer in großen Gruppen.
Achtung Der Kahle Krempling ist ein Giftpilz, der auch tödliche Vergiftungen verursachen kann.
Verwechslung Der Kahle Krempling ähnelt auf den ersten Blick einigen ungenießbaren Reizkerarten. Die Reizker unterscheiden sich aber hauptsächlich dadurch, daß sie an Schnittstellen Milch absondern.

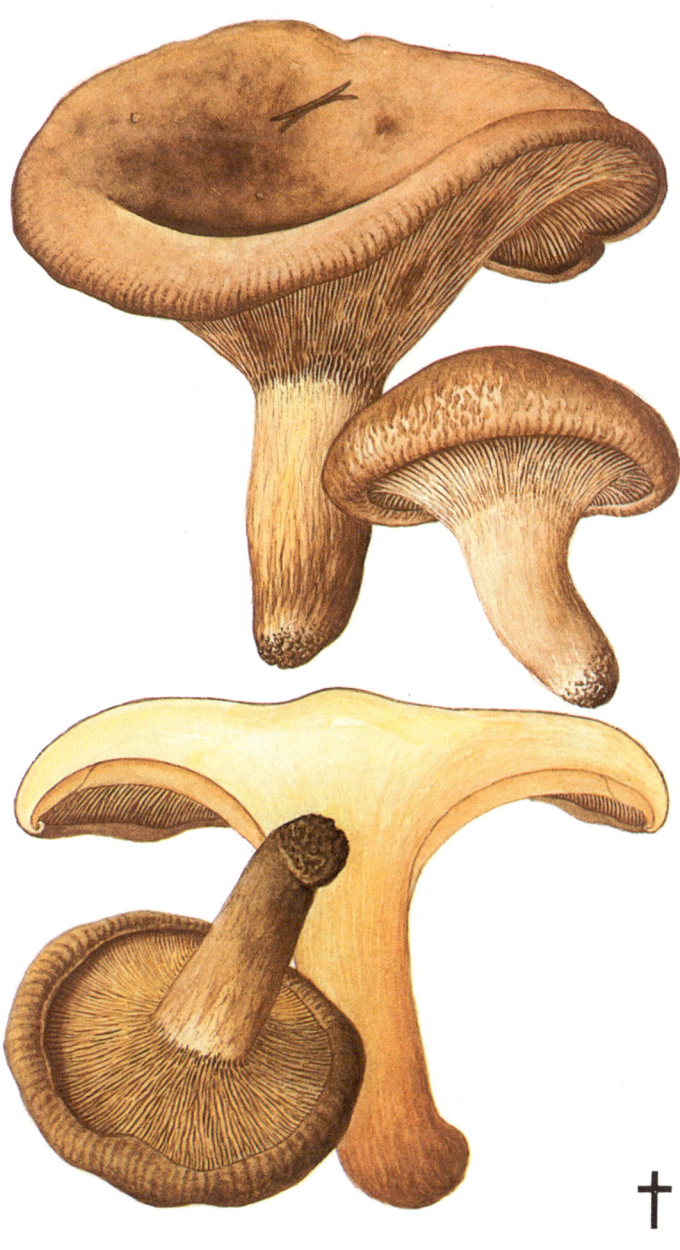

KUHMAUL, SCHMIERIGER GELBFUSS
Gomphidius glutinosus (Schaeff. ex Fr.) Fr.

Eßbar

Hut Anfangs blaugrau, graubraun oder braunviolett, später okkerfarben verblassend, im Alter gewöhnlich schwarz gefleckt, jung halbkugelförmig oder stumpfkegelförmig, dann gewölbt und schließlich flach, in der Mitte oft vertieft. Die Oberhaut ist glatt, mit einer dicken Schleimschicht bedeckt, die nach Eintrocknen des Schleims gewöhnlich glänzt.
Die Lamellen sind jung weißlich bis grau, später von den reifenden Sporen schwärzlich bis schwarz, 3—6 mm breit, sehr weit entfernt und dick, am Stiel weit herablaufend.

Stiel Zylindrisch, voll, 50—100 mm lang und 15—20 mm dick, an der Oberfläche sehr schleimig, im oberen Teil weißlich, unten zitronengelb oder dottergelb. Jung ist der Hutrand mit dem Stiel durch eine häutige Hülle verbunden, die nach dem Zerreißen im oberen Drittel des Stiels einen bald vergehenden Ring hinterläßt.

Fleisch Weich und saftig, im Hut zuerst weiß, später grau, im unteren Teil des Stiels dottergelb, Geschmack mild, fast süßlich, Geruch unbedeutend.

Sporenstaub Fast schwarz.

Sporen 17—23 × 5—6,5 µm, zylindrisch-spindelförmig, an der Oberfläche glatt, braungrau.

Vorkommen Von Juli bis November in Nadel- und Mischwäldern. Am zahlreichsten in Fichtenwäldern, einzeln oder häufiger in größeren Gruppen.

Verwendung Ein schmackhafter Speisepilz, der sich am besten für die Zubereitung von Saucen, aber auch als Beilage zu Fleischgerichten eignet. Vor der Zubereitung muß die schleimige Haut vom Hut abgezogen und der Schleim mit einem Messer vom Stiel abgeschabt werden. Am besten beseitigt man den Schleim gleich beim Sammeln im Wald, um andere Pilze im Korb nicht zu beschmutzen.

Verwechslung Das Kuhmaul kann mit keinem Giftpilz verwechselt werden. Es kann höchstens zu einer Verwechslung mit anderen Schmierlingsarten kommen, die jedoch alle eßbar und schmackhaft sind.

KUPFERROTER GELBFUSS
Gomphidius rutilus (Schaeff. ex Fr.) Lund.

Eßbar

Hut Gelbbraun oder weinrot, oft auch graulila getönt. Jung stumpfkegelig, am Rand auffällig eingerollt, später gewölbt und schließlich flach, mit einem auffallenden fleischigen Buckel in der Mitte, 30—100 mm Durchmesser, die Oberhaut ist glatt, kahl, kleberig-schmierig, trocken glänzend.
Die Lamellen sind anfangs purpurbraun, später von den reifenden Sporen graubraun bis schwarzbraun gefärbt, 3—6 mm breit, sehr weit entfernt und dick, am Stiel weit herablaufend.

Stiel Zylindrisch, nach unten gewöhnlich verjüngt, 50—100 mm lang und 10—15 mm dick, an der Oberfläche gelbbraun bis rotbraun, eingewachsen längsfaserig, im oberen Drittel mit einem eingetrockneten violetten Ring, der ein Rest der Teilhülle ist, die jung den Stiel mit dem Hutrand verbindet. Der Ring verschwindet meist schnell.

Fleisch Weich und saftig, im Hut und im oberen Teil des Stiels hellgelb bis gelbrötlich, im unteren Teil rosa-sattgelb. Geschmack mild und angenehm, Geruch unauffällig.

Sporenstaub Olivschwarz.

Sporen 17—20 × 6—8 µm, zylindrisch-spindelförmig, an der Oberfläche glatt, braungelb.

Vorkommen Von Juli bis November in Nadelwäldern, fast immer in größeren Gruppen, am zahlreichsten in Kiefernwäldern im Gebirge und Flachland.

Verwendung Ein guter Speisepilz, der im Geschmack den Butterpilzen ähnelt. Er eignet sich für Suppen, Saucen, aber auch als Beilage zu Fleischgerichten sowie zum Einlegen in Essig. Er wird wenig gesammelt, da sein guter Geschmack unter den Pilzsammlern nur wenig bekannt ist.

Verwechslung Der Kupferrote Gelbfuß ähnelt sehr dem Helvetischen oder Filzigen Gelbfuß *Gomphidius helveticus* Sing., der eine eingewachsen-filzige oder eingewachsen-schuppige Hutoberhaut von mehr orangefarbenem Ton hat und in höheren Gebirgslagen vorkommt. Hier wächst er vorwiegend unter Arven *(Pinus cembra)*.

KORNBLUMEN-RÖHRLING
Gyroporus cyanescens (Bull. ex Fr.) Quél.

Eßbar

Hut Cremefarben, strohgelb oder braunockerfarben, dicht faserig filzig, fein buckelig, an Druckstellen rasch blau verfärbend, jung halbkugelförmig, später gewölbt und schließlich polsterförmig, zentral, seltener auch exzentrisch, 35—120 mm Durchmesser. Röhren sind weiß oder cremfarben, an Schnittflächen blau anlaufend, am Stiel zuerst angewachsen, später frei, 3,5—8 mm lang. Poren sind klein, eckig-rundlich, zuerst weißlich, später cremefarben, im Alter gelblich, an Druckstellen blau verfärbend.

Stiel Unregelmäßig zylindrisch, bisweilen auch bauchig, an der Basis oft angespitzt, zentral oder exzentrisch, 50—100 mm lang und 10—30 mm dick, innen zuerst wattig-ausgestopft, später kammerig-hohl. An der Oberfläche cremefarben, gelblich oder ockerbräunlich, unter dem Hut kahl, sonst faserig-filzig, an Druck- und Schnittstellen blau verfärbend.

Fleisch Weiß oder cremefarben, sehr brüchig, an Schnittflächen sehr rasch und intensiv blau anlaufend. Die kornblumenblaue Färbung des Fleisches wird nach kurzer Zeit blasser. Geschmack mild, Geruch schwach.

Sporenstaub Hellgelb.

Sporen 8—15 × 4—6 µm, kurz elliptisch, an der Oberfläche glatt, hellgelblich.

Vorkommen Von Juli bis Oktober in Laub- und Mischwäldern, meist unter Eichen auf Sandböden. Am häufigsten in tieferen Lagen, verstreut, einzeln oder auch in kleinen Gruppen.

Verwendung Eßbar und schmackhaft. Es werden aus ihm Saucen zubereitet, er eignet sich auch zum Trocknen.

Verwechslung Der Kornblumen-Röhrling kann mit keinem Giftpilz verwechselt werden. Es könnte höchstens zu einer Verwechslung mit dem Falschen Schwefelröhrling (Primelgelben Röhrling) *Boletus junquilleus* (Quél.) Boud. kommen, dessen Fleisch am Schnitt ebenfalls intensiv blau anläuft.

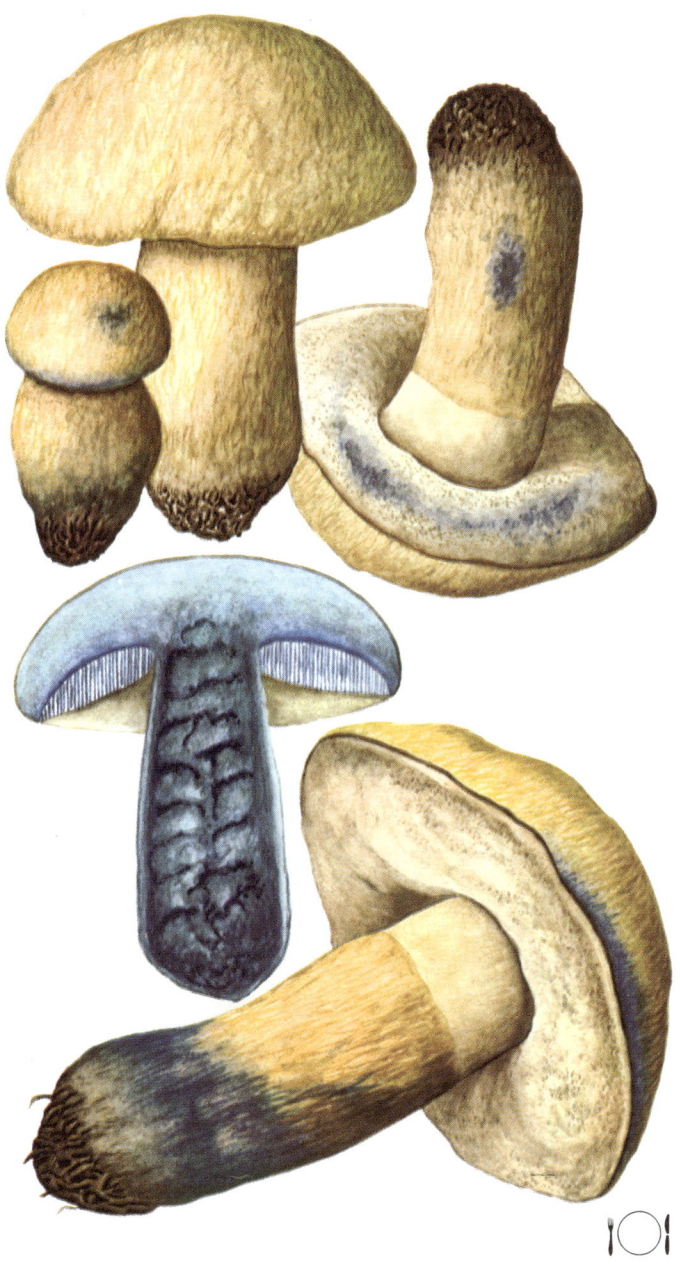

HASEN-RÖHRLING, ZIMT-RÖHRLING
Gyroporus castaneus (Bull. ex Fr.) Quél.

Eßbar

Hut Rostbraun, rotbraun oder kastanienbraun, jung gewölbt, alt flach oder polsterförmig, 40—110 mm Durchmesser. Die Oberhaut ist anfangs samtig oder feinfilzig, später kahl. Bei trockener Witterung reißt sie oftmals in Felder auf. Die Röhren sind jung weiß, im Alter gelb, an Schnittflächen verfärben sie nicht blau, am Stiel anfangs angewachsen, später frei, bis zu 8 mm lang. Die Poren sind klein, rundlich, erst weiß, dann gelb, an Druckstellen bilden sich braune Flecken.

Stiel 35—80 mm lang und 8—30 mm dick, zentral oder auch exzentrisch, unregelmäßig zylindrisch oder keulenförmig, unterschiedlich zusammengedrückt, an der Oberfläche kahl und trocken, rotbraun. Innen anfangs voll, später wattig ausgestopft, im Alter entweder gekammert-hohl oder ganz hohl.

Fleisch Weiß, an Schnittflächen ohne Farbveränderung, jung festfleischig, alt brüchig, mit mildem Geschmack und unauffälligem Geruch.

Sporenstaub Hellgelb.

Sporen 7—10 × 4—6 µm, elliptisch, an der Oberfläche glatt, fast farblos oder nur mit feinem gelblichen Schimmer.

Vorkommen Von Juli bis November in Laub- und Nadelwäldern. Am zahlreichsten auf Sandböden und in wärmeren trockeneren Gebieten. Einzeln, verstreut.

Verwendung Ein eßbarer Pilz, der aber in der Qualität nicht an den Kornblumen-Röhrling heranreicht. Frisch nimmt er beim Kochen einen bitteren Geschmack an. Die getrockneten Fruchtkörper verlieren diesen bitteren Geschmack. Deshalb eignet sich dieser Pilz vor allem zum Trocknen.

Verwechslung Der Hasen-Röhrling kann mit keinem anderen Röhrenpilz verwechselt werden.

GOLD-RÖHRLING,
GOLDGELBER LÄRCHEN-RÖHRLING
Suillus grevillei (Klotzsch) Sing.
Syn.: *Boletus grevillei* Klotzsch

Eßbar

Hut Zitronengelb, goldgelb oder orangegelb, glatt, kahl, mit einer Schleimschicht bedeckt. Jung stumpfkegelig, später gewölbt, schließlich flach ausgebreitet und polsterförmig, 40—150 mm Durchmesser, Haut schwer ablösbar.
Die Röhren sind anfangs gelb, später olivgelb, am Stiel angewachsen, 6—12 mm lang. Die Poren sind zuerst rundlich, dann eckig, jung gelb, alt olivgelb bis braungelb, an Druckstellen braunrosa verfärbend. Die Teilhülle, die jung den Hutrand mit dem Stiel verbindet, ist am Hut gelb, der restliche Teil ist gelbbraun und an der Außenseite etwas schmierig.
Bei trockener Witterung trocknet die Hülle am Hutrand ein und der Stiel bleibt in diesem Fall ohne Ring.

Stiel Zylindrisch oder keulenförmig, voll, 45—100 mm lang und 10—25 mm dick, im oberen Drittel gewöhnlich mit Ring. Über dem Ring ist er zitronengelb bis goldgelb, oft genetzt, unter dem Ring gelbbraun und längsfaserig.

Fleisch Gelb, nicht blau verfärbend, aber stellenweise bisweilen rosa werdend, im Hut weich und saftig, im Stiel (vor allem im Alter) festfaserig. Geschmack mild, Geruch unbedeutend.

Sporenstaub Olivocker.

Sporen 7—10 × 3—4 µm, zylindrisch-elliptisch oder spindelförmig, an der Oberfläche glatt, hellgelb.

Vorkommen Von Juni bis November unter Lärchen. Meist in Gebirgen und Vorgebirgen, fast immer in großen Gruppen vorkommend.

Verwendung Ein guter Speisepilz, der für verschiedene Zubereitungsarten geeignet ist. Leider wird er oft von Insektenlarven befallen.

Verwechslung Dem Gold-Röhrling ähnelt sehr der zitronengelbe Nüesche Lärchen-Röhrling *Suillus nueschii* Sing., der ebenfalls unter Lärchen und im Hochgebirge wächst. Er unterscheidet sich durch hellgraue Poren und blau anlaufendes Fleisch. Er ist ebenfalls eßbar.

BUTTER-RÖHRLING, BUTTERPILZ
Suillus luteus (L. ex Fr.) S. G. Gray
Syn.: *Boletus luteus* L. ex Fr.

Eßbar

Hut Schokoladenbraun, gelbbraun, olivgelb, rotbraun bis gräulichbraun mit violetter Tönung. Jung halbkugelförmig, später gewölbt, im Alter polsterförmig, manchmal mit einem stumpfen fleischigen Buckel in der Mitte, 40—120 mm Durchmesser. Die Oberhaut ist eingewachsen radialfaserig, sehr schmierig und leicht abziehbar. Die Röhren sind anfangs hellgelb, später dunkelgelb, am Stiel angewachsen, 6—14 mm lang, leicht vom Hutfleisch abtrennbar. Die Poren sind klein, jung hellgelb, später sattgelb und im Alter braungelb.

Stiel Zylindrisch, voll, 35—110 mm lang und 10—25 mm dick, an der Spitze zitronengelb, im unteren Teil bräunlich und längsfaserig. Die weiße häutige Hülle, die jung den Stiel mit dem Hutrand verbindet, hinterläßt am Stiel Reste in Form eines schwarzbraunen oder violettbraunen Ringes. Über dem Ring ist der Stiel mit gelbbraunen Punkten bedeckt.

Fleisch Im Hut weich und saftig, im Stiel etwas faserig, anfangs weißlich, dann zitronengelblich, in der Stielbasis rostbräunlich.

Sporenstaub Braun.

Sporen 7—10 × 3—3,5 μm, elliptisch-spindelförmig, an der Oberfläche glatt, hellgelb.

Vorkommen Von Ende Mai bis Dezember in Kiefernwäldern. Einzeln oder meist in großen Gruppen. Es ist eine sehr verbreitete Art, die sowohl im Flachland als auch in Gebirgsgegenden ziemlich häufig vorkommt. Von den Schmier-Röhrlingen ist er der schmackhafteste und begehrteste Pilz.

Verwendung Er hat einen ausgezeichneten Geschmack und ist leicht verdaulich. Er eignet sich für Suppen, Saucen, als Beilage zu Fleischgerichten und wird zusammen mit anderen Pilzen in Essig eingelegt. Er ist allerdings zum Trocknen nicht sehr geeignet, da er einen ziemlich hohen Wassergehalt besitzt.

Verwechslung Dem Butter-Röhrling ähnelt auf den ersten Blick ziemlich der Braune Schmerling *Suillus fluryi* Huijsman. Er unterscheidet sich vor allem dadurch, daß er keinen Ring am Stiel hat.

ELFENBEIN-RÖHRLING
Suillus placidus (Bon.) Sing.

Eßbar

Hut Anfangs weißlich, am Rand hellgelb, im Alter oft stellenweise mit violettem Ton, jung gewölbt, später flach, manchmal in der Mitte auch vertieft, 50−120 mm Durchmesser, glatte, kahle und etwas schmierige Oberhaut.
Die Röhren sind 5−11 mm lang, am Stiel angewachsen und nur selten etwas herablaufend, zuerst hellgelb, später zitronengelb und schließlich olivgelb.
Die Poren sind klein, anfangs von gleicher Farbe wie die Röhren, alt olivbräunlich, oft mit braunvioletten Punkten, die von eingetrockneten, ursprünglich weißen Tröpfchen herrühren.

Stiel Zylindrisch, an der Basis manchmal spindelförmig voll, 30−80 mm lang und 7−20 mm dick, ohne Ring, ganz weiß, nur an der Spitze unter dem Hut etwas gelblich, im Alter mit rotvioletten, später braunroten Körnchen gefleckt.

Fleisch Weiß, über den Röhren fein gelb, unter der Hutoberfläche manchmal violettlila, weich und saftig, Geschmack mild und Geruch unbedeutend.

Sporenstaub Ocker bis bräunlich-ocker.

Sporen 7−11 × 3−4 µm, elliptisch, spindelförmig, an der Oberfläche glatt, oliv-gelblich.

Vorkommen Von Juni bis November unter Arven und in den Kulturen der nordamerikanischen Weymouths-Kiefer. Er wächst meist in kleinen Gruppen. Es ist eine sehr seltene Art.

Verwendung Obwohl eßbar, kann er jedoch nicht zu den erstklassigen Pilzen gerechnet werden, da das Fruchtfleisch rasch weich wird und verfault. Wegen der Seltenheit sollte diese Art geschont werden.

Verwechslung Den Elfenbein-Röhrling kann man mit keinem anderen Pilz verwechseln. Ein Verwandter von ihm ist der Dunkle Arven-Röhrling *Suillus plorans* (Roll.) O. Kuntze, der einen dunkelrotbraunen Hut und gelbockerfarbigen braungefleckten Stiel ohne Ring hat. Er wächst in Sommer und Herbst unter Arven in Hochgebirgslagen. Er ist eßbar, kommt aber sehr selten vor.

KÖRNCHEN-RÖHRLING
Suillus granulatus (L. ex Fr.) O. Kuntze
Syn.: *Boletus granulatus* L. ex Fr.

Eßbar

Hut   Anfangs rotbraun oder roströtlich, alt gelbocker, kahl, schmierig, mit leicht abziehbarer Haut. Jung halbkugelförmig, später gewölbt und schließlich polsterförmig, 50—100 mm Durchmesser.
Röhren anfangs hellgelb, später ockerfarben und schließlich braungelb, 5—10 mm lang, am Stiel angewachsen. Die Poren sind genauso gefärbt wie die Röhren, jung sind sie klein, reif etwas größer (im Durchschnitt bis zu 1 mm). An der Oberfläche scheiden sie weiße milchige Tröpfchen aus, die nach ihrem Eintrocknen an den Poren und an der Spitze des Stiels braune Körnchen hinterlassen.

Stiel   Zylindrisch, voll, ohne Ring, 40—60 mm lang und 8—15 mm dick, an der Oberfläche hellgelb, im oberen Teil braun körnigpunktiert. Im Alter ist er in der unteren Hälfte, vor allem an der Basis, bräunlich.

Fleisch   Zunächst weißlich, später mit gelbem Ton (die gelbe Farbe ist über den Röhren und im Stiel am intensivsten), an Schnittflächen unverfärbend, im Hut jung butterartig weich, alt bis wässerig, im Stiel faserig. Geschmack mild und angenehm, Geruch unbedeutend.

Sporenstaub   Gelbbraun.

Sporen   8—10 × 2,5—4 µm, elliptisch-spindelförmig, an der Oberfläche glatt, hellgelb.

Vorkommen   Von Juni bis November in Nadelwäldern, einzeln oder in größeren Gruppen, im Gras auf Waldlichtungen, auf Kahlschlägen und an Waldwegen, am häufigsten wächst er unter Föhren und ist zahlreich sowohl im Flachland als auch im Gebirge.

Verwendung   Ein ausgezeichneter Speisepilz, der für beliebige Zubereitungsarten geeignet ist. Er wird zu Suppen, Saucen und zum Dünsten verwendet.

Verwechslung   Der Körnchen-Röhrling ähnelt sehr dem Braunen Schmerling *Suillus fluryi* Huijsman, der sich durch einen dunkleren Hut von ihm unterscheidet.

KUH-RÖHRLING, KUHPILZ
Suillus bovinus (L. ex Fr.) O. Kuntze
Syn.: *Boletus bovinus* L. ex Fr.

Eßbar

Hut Hell goldgelb bis rotockerfarben, glatt, kahl, bei feuchter Witterung sehr schmierig, jung gewölbt, später flach, selten in der Mitte vertieft, 40—110 mm Durchmesser. Die Haut läßt sich nur in kleinen Stückchen ablösen.
Die Röhren sind zunächst graugelblich, später gelb und schließlich bräunlich bis olivbräunlich, 6—10 mm lang, am Stiel gewöhnlich angewachsen und nur selten etwas herablaufend, von dem Fruchtfleisch des Hutes sind sie schwer abzutrennen. Die Poren sind anfangs labyrinthisch, später strahlenförmig verlängert, eckig, genauso gefärbt wie die Röhren, im Alter meist dunkeloliv-bräunlich.

Stiel Zylindrisch, voll, nach unten manchmal verdickt, 30—100 mm lang und 5—20 mm dick, ohne Ring, an der Spitze gelblich bis rostockerfarben, fein längsfaserig, an der Basis bräunlich oder rötlich.

Fleisch Im Hut elastisch und hellgelb, im Stiel faserig und rotbraun. Geschmack mild oder manchmal auch säuerlich, Geruch unbedeutend.

Sporenstaub Hellbraun.

Sporen 6—10 × 3—4 µm, elliptisch-spindelförmig, an der Oberfläche glatt, hellgelb.

Vorkommen Von Juni bis November in Kiefernwäldern. Am häufigsten kommt er unter Föhren auf Sandböden vor.
Nach ergiebigen Regenfällen wachsen diese Art besonders zahlreich.

Verwendung Ein eßbarer Pilz, der jedoch eine schlechtere Geschmacksqualität als andere Röhrlingsarten aufweist. Am besten ist er zum Einlegen in Essig in einem Gemisch mit anderen, schmackhafteren Pilzen geeignet.

Verwechslung Dem Kuh-Röhrling ähnelt auf den ersten Blick der kleine Pfeffer-Röhrling *Chalciporus piperatus* (Bull. ex Fr.) Bataille, der sich durch einen kleineren Fruchtkörper, rote Poren und brennendscharfen Geschmack des Fruchtfleisches von ihm unterscheidet. Er wächst von Juli bis November in Laub- und Nadelwäldern, und kann verschiedenen Speisen in kleinen Mengen als Gewürz beigefügt werden.

SAND-RÖHRLING, HIRSEPILZ
Suillus variegatus (Sw. ex Fr.) O. Kuntze
Syn.: *Boletus variegatus* Sw. ex Fr.

Eßbar

Hut Zuerst halbkugelförmig mit eingerolltem Rand, später meist polsterförmig, 50—140 mm Durchmesser, die Oberfläche ist anfangs mit oliv- bis grauorangefarbenem Filz überzogen, der nach und nach in kleine Schüppchen zerreißt, die im Alter völlig verschwinden. Die Haut ist jung graugelb bis grauorange, später rotbräunlich, im Alter hellgelbocker, nur etwas schmierig und schwer ablösbar.

Die Röhren sind 8—12 mm lang, am Stiel zuerst angewachsen, später etwas ausgeschnitten, anfangs gelb oder hellorange, schließlich braunoliv, an Druckstellen etwas blau anlaufend.

Stiel Zuerst bauchig, später zylindrisch oder keulenförmig, voll, 30—90 mm lang und 20—35 mm dick, an der Oberfläche glatt, zitronengelb mit falbem Ton, im unteren Teil gewöhnlich orangebräunlich bis rötlich.

Fleisch Fest, hellgelb bis hellorange, über den Röhren und unter der Stieloberfläche zitronengelb, in der Stielbasis bräunlich, an Schnittflächen teilweise bläulich anlaufend. Geschmack mild. Der Geruch erinnert etwas an frische Kiefernnadeln.

Sporenstaub Olivbraun.

Sporen 8—11 × 3—4 µm, elliptisch-spindelförmig, an der Oberfläche glatt, hellgelb.

Vorkommen Von Juli bis November in Nadel- und Mischwäldern, einzeln oder in kleinen Gruppen. Am häufigsten in Kiefernwäldern auf Sandböden.

Verwendung Er ist zwar eßbar, besitzt aber keinen besonders hervorragenden Geschmack. Junge Pilze eignen sich zum Einlegen in Essig.

Verwechslung Die Merkmale des Sand-Röhrlings sind so kennzeichnend, daß er mit keinem anderen Röhrling verwechselt werden kann.

ZIEGENLIPPE, FILZIGER RÖHRLING
Xerocomus subtomentosus (L. ex Fr.) Quél.
Syn.: *Boletus subtomentosus* L. ex Fr.

Eßbar

Hut Gelb, gelbbraun, olivocker, olivbraun bis graubraun, feinsamtig bis filzig, trocken, matt, bei feuchter Witterung bisweilen felderig-rissig. Jung halbkugelförmig, später gewölbt, im Alter polsterförmig, 40–110 mm Durchmesser. Die Röhren sind jung leuchtend chromgelb, im Alter grünlichgelb bis olivbräunlich, 5–15 mm lang, anfangs am Stiel angewachsen oder auch etwas herablaufend, später frei. Die Poren sind jung goldgelb, später grünlichgelb, alt gelbbräunlich bis braunoliv, groß und eckig, an Druckstellen bei älteren Exemplaren manchmal blau anlaufend.

Stiel Zylindrisch, nach unten gewöhnlich verjüngt, voll, 60–100 mm lang und 15–20 mm dick, an der Oberfläche auffällig längsrippig, gelb, gelbbräunlich oder rotbräunlich.

Fleisch Im Hut butterweich, weiß oder cremefarben, im Stiel festfaserig und gelb, feucht an Schnittstellen etwas blau anlaufend (vor allem im Hut über den Röhren). Geschmack mild und angenehm, schwacher Obstgeruch.

Sporenstaub Braunoliv.

Sporen 12–14 × 5–6 µm, spindelförmig-elliptisch, an der Oberfläche glatt, honiggelb.

Vorkommen Die Ziegenlippe gehört zu den zeitigsten Röhrenpilzen. Sie wächst von Ende Mai bis Oktober in Laub- und Mischwäldern, meist in Eichenwäldern.

Verwendung Ein ausgezeichneter Speisepilz, der auf verschiedene Art zubereitet werden kann und sich auch zum Trocknen eignet. Die getrockneten Scheiben sind wunderbar hellgelb. Vor der Zubereitung zum Essen empfiehlt es sich, die Huthaut abzuschälen, da sie an ausgereiften Pilzen etwas bitter ist.

Verwechslung Der Ziegenlippe ähnelt der Braune Filzröhrling *Xerocomus spadiceus* (Fr.) Quél., der sich durch einen braunroten Hut und einen grob genetzten Stiel unterscheidet. Er wächst im Sommer in Laub- und Nadelwäldern und ist eßbar.

MARONEN-RÖHRLING
Xerocomus badius (Fr.) Kühn. ex Gilb.
Syn.: *Boletus badius* Fr.

Eßbar

Hut Jung kastanienbraun bis dunkelbraun, im Alter oft rotbraun, glatt, anfangs feinsamtig, später kahl und bei feuchter Witterung schmierig, sonst trocken. Die Haut läßt sich von älteren Exemplaren nur in kleinen Stückchen abziehen. Er ist zunächst halbkugelförmig, später gewölbt, schließlich polsterförmig, 50—150 mm Durchmesser. Röhren zunächst hellcremefarben, dann hellgelb, alt olivgrün bis grünlich, an Schnittstellen blau anlaufend, 10—20 mm lang, am Stiel angewachsen oder ausgeschnitten. Die Poren sind jung klein und weißlich bis hellgelb, im Alter gewöhnlich größer und grüngelb bis olivgrün, an Druckstellen blauend.

Stiel Jung bauchig, später zylindrisch, voll, 40—120 mm lang und 8—40 mm dick, auf olivgelblichem Untergrund braunfaserig, häufig fast ganz braun, an Druckstellen bisweilen blau verfärbend.

Fleisch Kompakt und fest, cremefarben bis hellgelblich, frisch manchmal blau anlaufend mit mildem und angenehmem Geschmack und schwachem Geruch.

Sporenstaub Oliv bis olivbraun.

Sporen 12—16 × 5—6 µm, spindelförmig-elliptisch, an der Oberfläche glatt, honiggelb.

Vorkommen Von den schmackhaften Röhrenpilzen ist er wohl der am meisten verbreitetste. Er wächst von Juni bis Ende November in Nadel- und Laubwäldern, sehr häufig in den Fichtenwäldern der Gebirge und Vorgebirge. Obwohl vereinzelte Pilze bereits im Juni auftauchen, liegt sein Hauptvorkommen erst im Oktober und November.

Verwendung Ein ausgezeichneter Speisepilz, der in seiner Qualität dem Steinpilz fast ebenbürtig ist. Er eignet sich für alle Pilzgerichte, zum Trocknen und Einlegen in Essig.

Verwechslung Der Maronen-Röhrling kann mit keinen anderen Röhrenpilzen verwechselt werden.

ECHTER STEINPILZ, HERRENPILZ
Boletus edulis Bull. ex Fr.

Eßbar

Hut Jung fast weiß oder weißlich, später braun, alt dunkelbraun, glatt oder runzelig, anfangs feinfilzig, bei feuchtem Wetter sowie im Alter schmierig, anfangs fast kugelförmig, später gewölbt und schließlich flach oder polsterförmig, 60—250 mm Durchmesser.
Die Röhren sind anfangs weiß, später hellgelb und schließlich grüngelb bis olivgrün, 8—30 mm lang, am Stiel ausgeschnitten oder frei (bei alten Pilzen bis abgesetzt). Die Poren sind von gleicher Farbe wie die Röhren, sie sind klein und rundlich und an Druckstellen unverfärbend.

Stiel Anfangs fäßchenartig oder bauchig, voll, 50—200 mm lang und 15—60 mm dick. An der Oberfläche gewöhnlich weiß oder hellcremefarben, mit einem feinen weißen Netz, das höchstens bis an die oberen Hälfte des Stiels reicht, an der Basis weißfilzig.

Fleisch Kompakt, fest, weiß, an Schnittstellen unverfärbend mit angenehmem Geruch und einem typischen Pilzgeschmack.

Sporenstaub Olivbraun.

Sporen 14—20 × 4—6 µm, spindelförmig, an der Oberfläche glatt, honiggelb.

Vorkommen Von August bis November, am häufigsten in Gebirgsfichtenwäldern. Man kann ihn aber auch in niederen Lagen in Laub- und Mischwäldern finden.

Verwendung Ein ausgezeichneter Speisepilz, wohl einer der besten überhaupt. Er kann auf verschiedene Weise zubereitet werden. Ganz junge Fruchtkörper werden in Essig eingelegt. Bei sachgemäßem Trocknen werden die Scheiben des Steinpilzes nicht braun, sondern bleiben reincremefarben.

Verwechslung Den Echten Steinpilz kennt fast jeder Pilzsammler gut und seine Verwechslung mit anderen Röhrenpilzen ist selten. Nur sehr unerfahrene und unachtsame Pilzsucher können ihn mit dem widerlich bitteren Gallen-Röhrling *Tylopilus felleus* (Bull. ex Fr.) P. Karst. verwechseln.

SOMMER-STEINPILZ, EICHEN-STEINPILZ
Boletus aestivalis (Paul.) ex Fr.
Syn.: *Boletus reticulatus Schaeff,* ex Boud.

Eßbar

Hut Jung fahlgrau, später lederbraun bis hellockerfarben, glatt oder runzelig, anfangs feinfilzig, dann kahl, trocken, matt, bei trockener Witterung oft in Felder geplatzt. Zuerst meist kugelförmig, später gewölbt und schließlich polsterförmig, mit 60−300 mm Durchmesser. Röhren anfangs weiß, dann gelbgrün, 10−35 mm lang, am Stiel zuerst ausgeschnitten, in der Reife fast abgesetzt. Die Poren sind rund, dicht, jung reinweiß, bald jedoch grüngelb, im Alter olivgrün, an Druckstellen unverfärbend.

Stiel Jung fäßchenartig oder bauchig, im Alter keulenförmig oder zylindrisch, voll, 100−250 mm lang und 20−70 mm dick, an der Oberfläche hellzimtbraun oder hellkaffeebraun, ganz mit einem Netz überzogen, das in der oberen Hälfte weiß und unten braun ist, an der Basis weißfilzig.

Fleisch Dickfleischig, kompakt, jung fest, im Alter weich, weiß, an Schnittstellen unverfärbend. Ausgezeichneter delikater Geschmack, typischer Pilzgeruch.

Sporenstaub Olivbraun.

Sporen 13−20 × 4−6 μm, spindelförmig, an der Oberfläche glatt, honiggelb.

Vorkommen Von Mitte Mai bis Ende Juni und dann von Ende August bis Oktober in Eichenwäldern, selten auch in Nadelwäldern. Er wächst einzeln oder in kleinen Gruppen.

Verwendung Ein ausgezeichneter Speisepilz, der im Geschmack dem Steinpilz ähnelt, aber einen fast noch angenehmeren Geruch hat. Als Seltenheit in unseren Wäldern ist er zu schonen, zumal er als typischer Sommerpilz sehr oft von Insektenlarven befallen ist.

Verwechslung Dem Sommer-Steinpilz ähnelt ziemlich der Birken-Steinpilz *Boletus betulicolus* (Vasilk.) Pil. et Dermek, der sich von diesem durch eine blassere Färbung des Hutes und Stiels und kürzeres Netz unterscheidet, das meist nur bis zu einem Drittel des Stiels reicht. Er wächst im Sommer unter Birken. Er ist eßbar und schmackhaft.

SCHWARZHÜTIGER STEINPILZ
Boletus aereus Bull. ex Fr.

Eßbar

Hut   Schokoladenbraun bis fast schwarzbraun, glatt, selten auch runzelig, jung samtig bis fein filzig, trocken und matt, alt kahl, anfangs halbkugelförmig, später gewölbt und schließlich polsterförmig, 50–200 mm Durchmesser.
Röhren anfangs weiß, alt grüngelb mit goldbraunem Ton, 5–25 mm lang, am Stiel ausgeschnitten oder frei, Poren rund, eng, klein, jung fast reinweiß, an der Fläche uneben, später olivgelb und braun getönt.

Stiel   Jung fäßchenförmig oder bauchig, alt meist zylindrisch oder zuweilen auch keulenförmig, voll, 50–120 mm lang und 20–40 mm dick, dunkelbraun (in der Regel etwas blasser als der Hut), mit feinem Netz überzogen, das in der oberen Hälfte weiß und unten braun ist.

Fleisch   Kompakt, fest, weiß, an Schnittstellen unverfärbend, mild und wohlschmeckend, schwacher Geruch.

Sporenstaub   Olivbraun.

Sporen   11–17 × 4–6 μm, spindelförmig, an der Oberfläche honigbraun.

Vorkommen   Von Ende Mai bis Oktober in Laubwäldern, meist jedoch unter Eichen, verstreut, einzeln oder in kleinen Gruppen. Er ist selten, und kommt meist nur in wärmeren Gebieten häufiger vor, wo er unter Eßkastanien wächst.

Verwendung   Ein ausgezeichneter Speisepilz für beliebige Zubereitungsarten. Mit seinem Geschmack ist er den vorhergenannten drei Pilzarten ebenbürtig.

Verwechslung   Ungeübte Pilzsammler können den Schwarzhütigen Steinpilz mit dem eßbaren und wohlschmeckenden Maronen-Röhrling *Xerocomus badius* (Fr.) Kühn ex Gilb. verwechseln, der aber kein Netz am Stiel hat und dessen Fleisch blau anläuft.

SCHÖNFUSS-RÖHRLING, DICKFUSS-RÖHRLING
Boletus calopus Fr.

Ungenießbar

Hut Hellbraun, olivfalbbraun oder graubraun, glatt, selten auch runzelig, jung fein filzig, matt und trocken, alt kahl. Anfangs halbkugelförmig, später gewölbt mit eingerolltem und unregelmäßig verbogenem Rand, 45—150 mm Durchmesser.
Die Röhren sind anfangs zitronengelb, später olivgelb, am Schnitt blau anlaufend, 3—16 mm lang, am Stiel ausgeschnitten oder frei. Die Poren sind rund, dicht, jung graugelb, später zitronengelb, in der Reife mit grünlichem Ton, an Druckstellen blau anlaufend.

Stiel Jung bauchig, dann keulenförmig oder zylindrisch, an der Basis manchmal angespitzt, voll, 30—150 mm lang und 14—45 mm dick. An der Spitze zitronengelb mit weißem feinem Netz, im mittleren Teil karminrot mit rotem auffälligerem Netz, im unteren Teil meist braunrot bis schwarzbraun, an der Basis weißfilzig.

Fleisch Im Hut blaßgelb, blaugrün verfärbend, im Stiel blaßgelb, gegen die Stielbasis mehr oder weniger rötend.

Sporenstaub Bräunlich-oliv.

Sporen 12—16 × 4—6 μm, elliptisch-spindelförmig, an der Oberfläche glatt, ockerfarbig.

Vorkommen Von Juli bis Oktober, vereinzelt oder in kleinen Gruppen, häufig in Gebirgsnadelwäldern, seltener auch in Laubwäldern niederer Lagen.

Verwendung Ein Pilz, der wegen seines widerlich bitteren Geschmacks ungenießbar ist.

Verwechslung Unerfahrene Pilzsammler verwechseln den Schönfuß-Röhrling bisweilen mit dem giftigen Satanspilz — *Boletus satanas* Lenz. Der Satanspilz hat im Unterschied zu dem ersteren einen weißen oder aschgrauen Hut und karminrote Poren. Ein Verwandter des Schönfluß-Röhrlings ist der Wurzelnde Bitter-Röhrling *Boletus radicans* Pers. ex Fr., der im Unterschied zu diesem in Laubwäldern wächst und keinen roten Stiel hat. Er ist ungenießbar, da er ebenfalls bitter schmeckt.

ANHÄNGSEL-RÖHRLING, GELBER BRONZE-RÖHRLING, GELBER STEINPILZ
Boletus appendiculatus (Schaeff. ex Fr.) Secr.

Eßbar

Hut Gelbbraun, rotbraun bis umbrabraun, glatt, anfangs samtig-filzig, später kahl, fein eingewachsen faserig. Jung halbkugelförmig, später gewölbt, schließlich polsterförmig, 70—200 mm Durchmesser.
Die Röhren sind anfangs gelb, später olivgrüngelb, an Schnittstellen blau anlaufend, 15—30 mm lang, am Stiel frei. Die Poren sind rund, dicht, jung goldgelb, später goldbräunlich, an Druckstellen bilden sich mitunter blaugrüne Flecke.
Stiel Anfangs bauchig, später zylindrisch, an der Basis kegelförmig angespitzt, 50—150 mm lang und 15—50 mm dick, voll, an der Oberfläche schön gelb, an der Basis rotbräunlich, in der oberen Hälfte mit einem feinen weißen Netz, das im Alter braun wird.
Fleisch Dickfleischig, fest, gelb, in der Stielbasis bräunlich oder rosabräunlich, im Hut vor allem über den Röhren mehr oder weniger blauend, angenehmer milder Geschmack und unauffälliger Geruch.
Sporenstaub Olivbräunlich.
Sporen 11—15 × 4—5 µm, elliptisch-spindelförmig, an der Oberfläche glatt, honiggelb.
Vorkommen Von Juni bis September in warmen Laubwäldern. Am zahlreichsten unter Eichen und Buchen auf Kalkböden. Einzeln und verstreut.
Verwendung Ein ausgezeichneter Speisepilz, der für verschiedene Zubereitungsarten geeignet ist. Er wird ebenso wie der Sommer-Steinpilz oder Steinpilz verwendet.
Die getrockneten Scheiben des Anhängsel-Röhrlings sind schön gelb.
Verwechslung Dem Anhängsel-Röhrling ähnelt sehr die ihm verwandte Art *Boletus subappendiculatus* Dermek, Lazebníček et Veselský, der sehr selten ist und in Gebirgen unter Fichten und Tannen wächst. Er unterscheidet sich von dem vorhergenannten vor allem durch sein weißes Fruchtfleisch. Er ist ebenso eßbar und wohlschmeckend wie der Anhängsel-Röhrling.

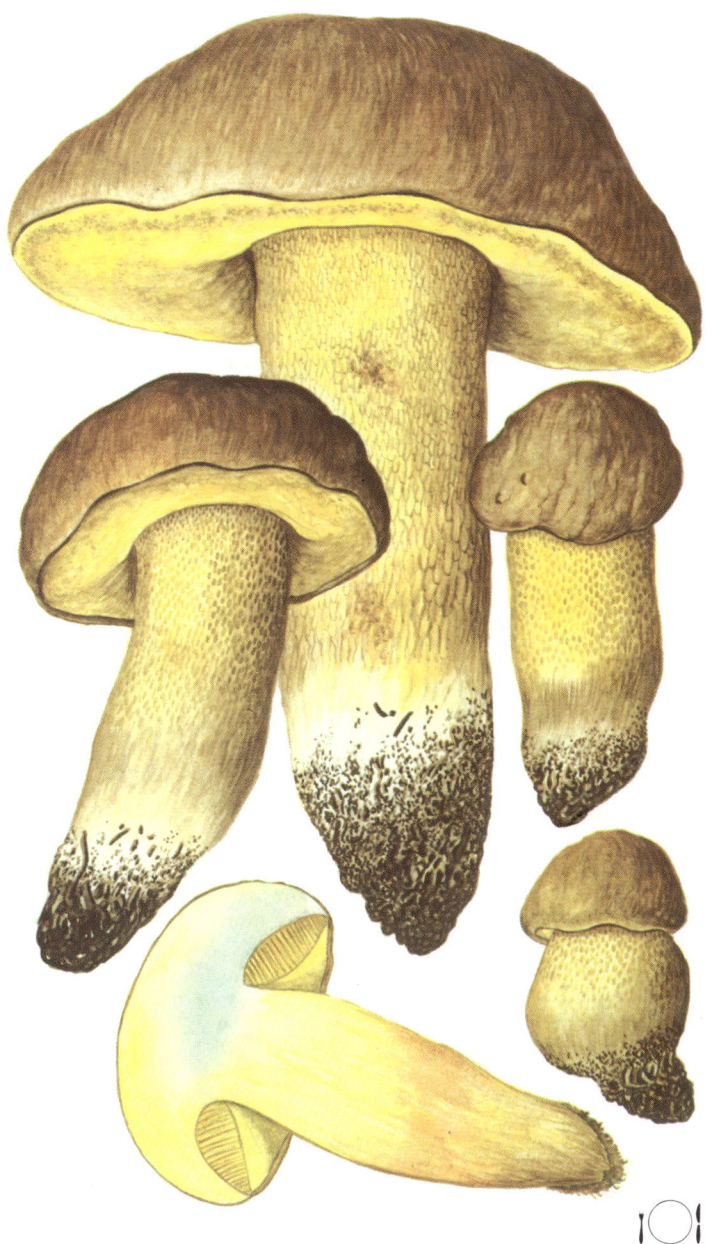

KÖNIGS-RÖHRLING
Boletus regius Krombh

Eßbar

Hut Auf rosa Untergrund rötlich bis blutrot gefärbt, fein eingewachsen faserig, so daß die resultierende Farbe entweder rosa, rosarot oder bis violettrot ist, alt gewöhnlich zu altrosa verblassend. Jung halbkugelförmig, später gewölbt, alt polsterförmig, glatt oder sehr selten fein runzelig, trocken, anfangs samtig-filzig und matt, schließlich kahl, 60−150 mm Durchmesser. Die Röhren sind anfangs zitronengelb, später sattgelb, 10−25 mm lang, schließlich gelbgrün mit olivgrünem Ton, an Schnittstellen nicht blauend, am Stiel gewöhnlich ausgeschnitten oder frei. Die Poren sind rundlich, dicht, zuerst sattgelb mit olivgrünem Ton, später an der Oberfläche ungleichmäßig, bukkelig, an Druckstellen nicht blauend.

Stiel Anfangs bauchig, später keulenförmig oder zylindrisch, 50−150 mm lang und 15−60 mm dick, voll. An der gesamten Oberfläche chromgelb, an der Spitze mit einem feinen weißen Netz verziert. An der Basis häufig weinrot gefleckt, an Druckstellen manchmal schwach blauend (vor allem bei feuchter Witterung).

Fleisch Dickfleischig, fest, hellgelb oder sattgelb, an der Stielbasis braunrötlich, an Schnittstellen gewöhnlich unverfärbend, mit angenehmem Geschmack und unauffälligem Geruch.

Sporenstaub Olivbräunlich.

Sporen 15−17 × 4−5 µm, zylindrisch-spindelförmig, an der Oberfläche glatt, gelbbräunlich.

Vorkommen Von Ende Mai bis Mitte September in Laubwäldern, vor allem unter Eichen. Häufiger nur in wärmeren Gebieten auf Kalkböden vorkommend. Er trägt seinen Namen zu Recht, da er wirklich ein schöner Pilz ist.

Verwendung Ein vorzüglicher Speisepilz mit ähnlichen Geschmackseigenschaften wie der Anhängsel-Röhrling.

Verwechslung Dem Königs-Röhrling ziemlich ähnlich und nahe verwandt ist der Prächtige Röhrling *Boletus speciosus* Frost. Er unterscheidet sich von dem vorhergehenden vor allem durch den rot gefärbten Stiel mit blauendem Fleisch. Er wächst im Sommer in warmen Laubwäldern, vor allem unter Buchen. Er ist eßbar und schmackhaft, aber sehr selten und daher zu schonen.

SCHUSTERPILZ, FLOCKENSTIELIGER HEXEN-RÖHRLING
Boletus erythropus (Fr. ex Fr.) Krombh.

Eßbar

Hut Meist dunkelbraun bis schwarzbraun, nur sehr selten in helleren Farbtönen. Anfangs samtig bis fein filzig, matt, trocken, im Alter kahl, an Druckstellen schwarzwerdend. Jung halbkugelförmig, später gewölbt, in der Reife polsterförmig, 50−200 mm Durchmesser. Die Röhren sind zuerst gelb, später grüngelb, 10−30 mm lang, am Stiel ausgeschnitten oder frei, an Schnittflächen blau anlaufend. Die Poren sind rundlich, eng, anfangs gelb, dann orange, bald jedoch rot bis blutrot, an Druckstellen blau werdend.

Stiel Anfangs dickbauchig, dann keulenförmig gestreckt, zylindrisch, voll, 50−150 mm lang und 20−40 mm dick, auf gelbem Grund rot flockig punktiert, an Druckstellen blauend. Die rote Färbung des Stiels ist bald dunkler bald heller.

Fleisch Dickfleischig, fest, sattgelb, an Schnittflächen sofort und intensiv grünblau anlaufend. Geschmack mild und Geruch schwach.

Sporenstaub Olivbraun.

Sporen 13−18 × 5−5,5 μm, ellipsoid-spindelförmig, an der Oberfläche glatt, olivgelb.

Vorkommen Von Juni bis November sehr zahlreich in Fichtenwäldern der Gebirge und Vorgebirge. Selten auch unter Laubbäumen in tieferen Lagen.

Verwendung Ein eßbarer, recht schmackhafter Pilz. Er muß allerdings gut erhitzt werden, da er, ungenügend gekocht, manchen Menschen Magenbeschwerden bereiten kann. Es werden aus ihm vor allem Saucen zubereitet, aber er wird auch als Beilage zu Fleischgerichten verwendet.

Verwechslung Dem Schusterpilz ähnelt ziemlich der ihm verwandte Glattstielige Hexen-Röhrling *Boletus queletii* Schulz. Er unterscheidet sich von diesem durch eine rotbraune oder weinrote Färbung des Hutes, orangefarbige Poren und einen gelben, fast kahlen Stiel, der in der unteren Hälfte weinrot ist. Das Fleisch im Hut und im oberen Teil des Stiels ist gelb, im unteren Teil purpurrot. Die gelben Teile des Fleisches werden beim Durchschneiden blau. Er wächst von Mai bis Oktober in Laubwäldern, ist ungenießbar, jedoch recht selten.

NETZSTIELIGER HEXEN-RÖHRLING
Boletus luridus Schaeff. ex Fr.

Eßbar

Hut Falb, olivgrün, gelbbräunlich, häufig auch gelb oder gelborange, manchmal auch ganz rot, anfangs samtig oder fein filzig, matt, trocken, alt kahl werdend, an Druckstellen blauend, die blauen Flecken werden bald schwarzbraun, jung halbkugelförmig, später gewölbt, alt polsterförmig, 55—200 mm Durchmesser.
Die Röhren sind anfangs gelb, später grünlichgelb, schließlich olivgrün, an Schnittstellen blauend, 15—35 mm lang, am Stiel ausgeschnitten oder frei. Die Poren sind rundlich eng, jung gelb, dann orange bis ziegelrot, an Druckstellen blau verfärbend.

Stiel Zunächst dickbauchig, später keulenförmig gestreckt oder zylindrisch, voll, 40—150 mm lang und 20—50 mm dick, auf sattgelbem Untergrund mit auffallendem roten Netz überzogen. Die Maschen des Netzes sind in senkrechter Richtung länglich gestreckt. Über der Basis ist der Stiel weinrot oder schwarzbraun.

Fleisch Dickfleischig, kompakt, im Hut und oberen Teil des Stieles gelb, in der unteren Stielhälfte weinrot. Die gelblichen Teile des Fleisches verfärben sich beim Durchschneiden sofort grünblau. Geschmack mild und Geruch unbedeutend.

Sporenstaub Olivbraun.

Sporen 11—16 × 5,5—6,5 µm, ellipsoid-spindelförmig, an der Oberfläche glatt, honiggelb.

Vorkommen Von Ende Mai bis Anfang November im Flachland in Laubwäldern. Er ist auch in Vorgebirgsgegenden nicht allzu selten. Am häufigsten wächst er unter Fichten.

Verwendung Ein Speisepilz, der zur Zubereitung von Saucen und zum Trocknen geeignet ist. Roh oder ungenügend gekocht kann er Magenbeschwerden oder schwache Vergiftungen hervorrufen. Gut gekocht oder gedämpft ist er unschädlich.

Verwechslung Der Netzstielige Hexen-Röhrling kann von unerfahrenen Pilzsammlern mit einigen giftigen Formen des Dunklen Purpur-Röhrlings *Boletus purpureus* Fr., Syn.: *Boletus rhodoxanthus* (Krombh.) Kallenb. verwechselt werden. Im Unterschied zu diesen giftigen Arten hat der Netzstielige Hexen-Röhrling in der unteren Stielhälfte weinrotes oder braunpurpurfarbenes, jedoch kein gelbes Fleisch.

SATANSPILZ
Boletus satanas Lenz

Giftig

Hut Grauweißlich, hellgraugelblich, alt oder an Druckstellen bräunlich-ockerfarben, manchmal auch mit fein grünlichem Ton, jedoch niemals eine Spur von roter oder rosa Farbe. Jung halbkugelförmig, später gewölbt mit eingerolltem Rand und schließlich polsterförmig, 60—250 mm Durchmesser. Die Oberhaut ist trocken, jung fein filzig und matt, alt kahl.
Die Röhren sind jung gelb und sehr kurz, später grüngelb, an Schnittflächen blauend, 10—25 mm lang, am Stiel ausgeschnitten oder frei. Die Poren sind rundlich, eng, jung gelb oder orange, dann karminrot, schließlich purpurrot, oft mit gelbem oder orangefarbenem Streifen am Hutrand. Die Poren verfärben sich an Druckstellen blau.

Stiel Jung eiförmig oder kugelförmig, später fäßchenartig und zur Spitze hin verjüngt, selten auch keulenförmig oder zylindrisch, voll, 40—120 mm lang und 40—100 mm dick, im oberen Drittel ist er meist gelb, im mittleren Drittel rot und im unteren Drittel schmutzigocker oder bräunlich. Von der Spitze bis zur Hälfte ist er meist mit einem feinen purpurfarbenen Netz überzogen.

Fleisch Dickfleischig, kompakt, weißlich, an Schnittflächen nur wenig blauend (meist bei jungen frischen Pilzen). Jung riecht er unbedeutend, alt wie faulende Zwiebel.

Sporenstaub Olivbräunlich.

Sporen 11—15 × 5—7 µm, ellipsoid-spindelförmig, an der Oberfläche glatt, honiggelb.

Vorkommen Von Juli bis Ende September in lichten Laubwäldern auf Kalkböden, meistens unter Eichen und Buchen. Er ist ein seltener Pilz und wächst zahlreicher nur in wärmeren Gebieten.

Achtung Giftig, aber nur roh. Gut gekocht kann er ohne Vergiftungsgefahr gegessen werden, obwohl er nicht schmackhaft ist.

Verwechslung Der Satanspilz wird von den Pilzsammlern oft mit verschiedenen Formen des Purpur-Röhrlings verwechselt. Diese sind alle giftig und sehr selten.

DUNKLER PURPUR-RÖHRLING
Boletus purpureus Fr.
Syn.: *Boletus rhodoxanthus* (Krombh.) Kallenb.

Giftig

Hut Ockergelblich bis hell gelbbraun, oft mit feinen rötlichen oder rosa Tönen. Anfangs fein filzig, trocken und matt, alt kahl und etwas dunkler ockerfarben, an Druckstellen braun verfärbend. Jung halbkugelförmig, später gewölbt, schließlich polsterförmig, 60—200 mm Durchmesser.
Die Röhren sind anfangs gelb, später gelbgrünlich, an Schnittstellen blau anlaufend, 15—25 mm lang, am Stiel frei. Die Poren sind rund, eng, jung gelb, im Alter karminrot oder purpurrot, an Druckstellen blauend.

Stiel Zunächst eiförmig bauchig, später keulenförmig oder zylindrisch, voll, 50—120 mm lang und 30—50 mm dick, auf sattgelbem Grund fein rot genetzt, an Druckstellen blauend.

Fleisch Dickfleischig, kompakt, sattgelb, an Schnittflächen nur schwach blauend (meist nur bei jungen frischen Pilzen) Geschmack mild, Geruch unbedeutend.

Sporenstaub Olivbräunlich.

Sporen 10—15 × 4—5 µm, ellipsoid-spindelförmig, an der Oberfläche glatt, olivgelb.

Vorkommen Von Ende Juli bis Mitte September in warmen Laubwäldern, meist unter Eichen auf Kalkböden. Er kommt selten, jedoch häufiger als der Satanspilz vor.

Achtung Roh giftig. Auch wenn ihn viele Pilzkenner gut gekocht ohne Vergiftungsfolgen essen, ist sein Genuß nicht zu empfehlen.

Verwechslung Der Dunkle Purpur-Röhrling hat einige verwandte Arten, die sich von ihm nur durch abweichende Färbung von Hut, Stiel und Fleisch unterscheiden. Das sind vor allem der *Boletus splendidus* Martin, der sich durch nicht völlig genetzten Stiel und intensiveres Blaufärben des hellgelben Fruchtfleisches unterscheidet. Der Weinrote Purpur-Röhrling *Boletus rhodopurpureus* Smotl. ist ganz purpurrot und das sattgelbe Fleisch verfärbt sich beim Durchschneiden rasch dunkelblau. Diese beiden Arten sind, ebenso wie der Dunkle Purpur-Röhrling, giftig.

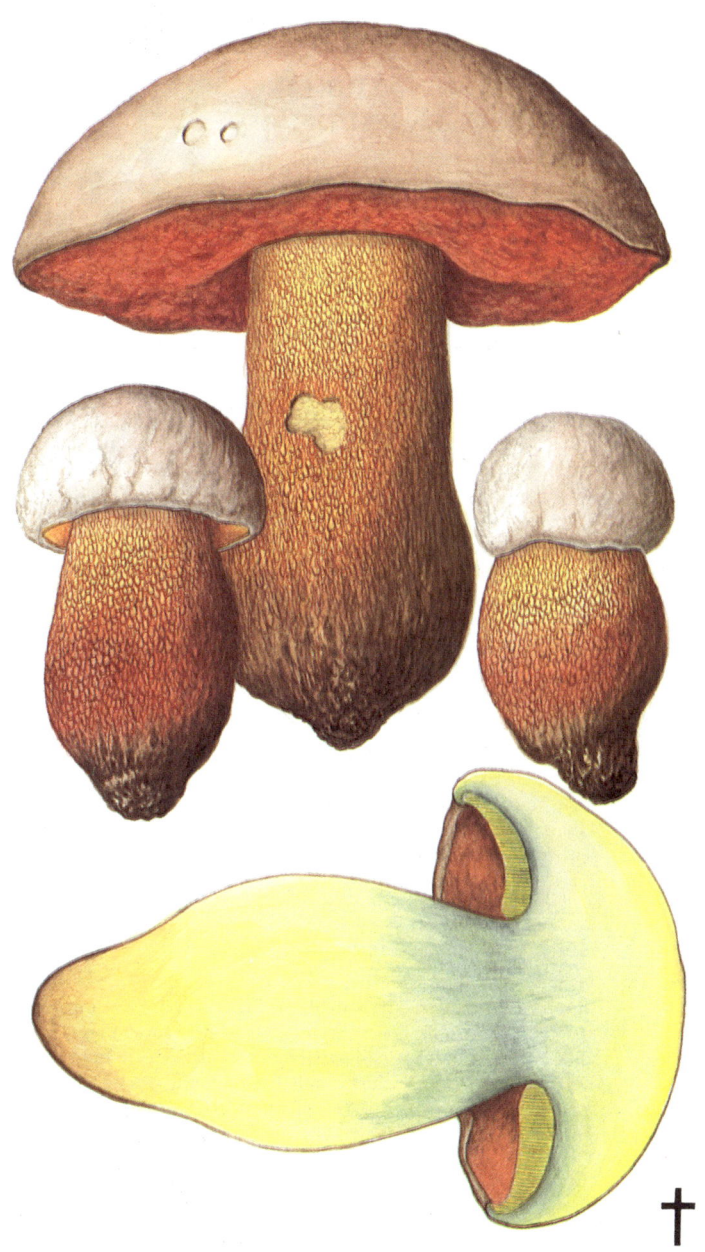

HAINBUCHEN-RÖHRLING, HAINBUCHEN-RAUHFUß
Leccinum griseum (Quél.) Sing.
Syn.: *Leccinum carpini* (R. Schulz) Moser

Eßbar

Hut Gelbbraun, olivbraun, graubraun, schwarzbraun bis schwärzlich, an der Oberfläche runzelig und hockerig, kahl, bei trockener Witterung gewöhnlich felderig aufgerissen. Jung halbkugelförmig, dann gewölbt, in der Reife polsterförmig, 80—140 mm Durchmesser. Die Röhren sind anfangs weißlich oder sahnecreme, später gelblichgrau, schließlich olivgelbgrau, an Schnittflächen färben sie sich violettgrau bis schwarzgrau. Die Poren sind rundlich, eng, an der Oberfläche ungleichmäßig, jung weißlich oder cremefarben, später graugelblich und schließlich gelbgrau.

Stiel Zylindrisch, nach unten oft verdickt, unter dem Hut verjüngt, voll, 50—130 mm lang und 10—35 mm dick, an der Spitze längs gerieft, auf weißlichem oder cremefarbenem Untergrund fein dunkelbraun oder schwärzlich schuppig.

Fleisch Im Hut ziemlich weich, im Stiel faserig, weißlich bis hellgelblich, an Schnittflächen zuerst grauviolett, später ganz schwarz verfärbend. Geschmack mild und Geruch unbedeutend.

Sporenstaub Tabakbraun.

Sporen 10—20 × 5—7 µm, spindelförmig, an der Oberfläche glatt, braungelb.

Vorkommen Von Juni bis Ende Oktober in Laubwäldern, vor allem unter Hainbuchen, Haselsträuchern und Zitterpappeln. Er ist einer der meist verbreitetsten Rauhfüße.

Verwendung Er ist eßbar und von gleicher Geschmacksqualität wie die anderen Rauhfußarten. Leider ist er sehr oft von Insektenlarven befallen. Er eignet sich für die Zubereitung von Saucen und zum Dünsten.

Verwechslung Dem Hainbuchen-Röhrling ähnelt der Härtliche Birken-Röhrling *Leccinum duriusculum* (Kalchbr. et Schulzer ap. Fr.) Sing. Sein Hut ist graubraun bis rotbraun, die Röhren und Poren sind zuerst weißlich, alt schmutzigcremefarben, der Stiel ist auf weißem Grund sehr fein bräunlich geschuppt. Das Fleisch ist meist dickfleischig, sehr fest, weiß, an Schnittstellen im Hut rosa und in der Stielbasis blau verfärbend, niemals schwarz werdend. Er wächst in Sommer und Herbst unter Pappeln, Zitterpappeln und bisweilen unter Birken. Er ist ein sehr guter Speisepilz.

HÄRTLICHER BIRKEN-RÖHRLING, HARTER RAUHFUß-RÖHRLING PAPPEL-RÖHRLING

Leccinum duriusculum (Kalchbr. et Schulzer ap. Fr.) Sing.

Syn.: *Boletus duriusculus*, Schulzer ap. Fr.

Eßbar

Hut Rotbraun, ockerbräunlich oder graubraun, an der Oberfläche anfangs eingewachsen-feinschuppig oder filzig, in der Reife kahl, trocken und matt, jung halbkugelförmig, später gewölbt und schließlich polsterförmig, 60—150 mm Durchmesser. Die Röhren sind 12—25 mm lang, weiß oder weißlich, dann schmutzigcremefarben oder gräulich, am Stiel tief ausgeschnitten. Die Poren sind klein, rund, zunächst von gleicher Farbe wie die Röhren, später graucremefarben oder gräulich, an Druckstellen schmutzigbraun verfärbend.

Stiel 50—150 mm lang und 10—30 dick, zylindrisch oder spindelförmig, an der Basis manchmal zugespitzt, im oberen Teil weiß oder cremefarben, im unteren Teil bräunlich, an der Basis bläulich, mit sehr feinen braunen Schuppen bedeckt.

Fleisch Weiß, im Hut und in der Stielspitze lachsrosa verfärbend und an der Stielbasis blauend. Im gesamten Fruchtkörper fest, angenehmer Pilzgeruch und milder Geschmack.

Sporenstaub Olivbraun.

Sporen 13—17 × 7—5 µm, ellipsoid-spindelförmig, an der Oberfläche glatt, honigockerfarben.

Vorkommen Von Ende Juli bis Mitte November in Wäldern und außerhalb der Wälder. Einzeln oder nur in kleinen Gruppen unter verschiedenen Pappelarten, jedoch am häufigsten unter der Silberpappel vorkommend.

Verwendung Er ist wohl der schmackhafteste unter den Birken-Röhrlingen. Sein Fleisch ist fest und wohlschmeckend und wird nur selten von Insekten befallen. Er kann auf verschiedenste Art zubereitet werden, am häufigsten als Zugabe zu Fleischgerichten. Er eignet sich aber vor allem zum Trocknen.

BIRKEN-RÖHRLING, BIRKENPILZ, KAPUZINER RÖHRLING
Leccinum scabrum (Bull. ex Fr.) S. F. Gray
Syn.: *Boletus leucophaeus* Pers.

Eßbar

Hut Gelbbraun, rotbraun, graubraun bis schwarzbraun, glatt und kahl, bei feuchter Witterung etwas schmierig, bei Trockenheit fast glänzend. Jung halbkugelförmig oder glockig gewölbt, im Alter polsterförmig, 50—150 mm Durchmesser. Die Röhren sind anfangs weißlich, später schmutzigcremefarben bis grau, 10—25 mm lang, am Stiel frei oder abgesetzt, an Schnittflächen unverfärbend. Die Poren sind rundlich, eng, jung weißcremefarben, im Alter ockergrau.

Stiel Zylindrisch, an der Spitze verjüngt, nach unten etwas verdickt, voll, 80—170 mm lang und 10—35 mm dick, auf hellgrauem Grund dicht braun bis schwarzbraun beschuppt.

Fleisch Weiß oder hellcremefarben, an Schnittstellen unverfärbend. Jung ist es im gesamten Fruchtkörper elastisch fest, alt im Hut wässerig weich und im Stiel faserig fest. Geschmack mild und Geruch unbedeutend.

Sporenstaub Braun.

Sporen 14—20 × 4—6 µm, längs-spindelförmig, an der Oberfläche glatt, gelbbraun.

Vorkommen Von Juli bis Ende November in Laubwäldern unter Birken, einzeln oder in kleinen Gruppen.

Verwendung Der Birken-Röhrling ist jung ein vorzüglicher Speisepilz. Das Fleisch verfärbt sich beim Kochen schwarz.

Verwechslung Der Birken-Röhrling besitzt eine ganze Reihe verwandter Arten. Das sind vor allem der Weißhütige Moor-Birkenpilz *Leccinum holopus* (Rostk.) Watling und der Schwärzliche Birkenpilz *Leccinum melaneum* (Smotl.) Pil. et Dermek.

Der Weißhütige Moor-Birkenpilz wächst auf Torfböden vor allem unter der Zwergbirke, aber auch unter anderen Birkenarten. Sein Hut ist weiß, Röhren und Poren sind hellcremefarben, der Stiel anfangs völlig weiß, später braunschuppig. Sein Fleisch ist weiß, an Schnittflächen unverfärbend. Er ist eßbar, aber sehr selten und daher zu schonen.

Der Schwärzliche Birkenpilz wächst auf feuchten Böden unter verschiedenen Birkenarten. Sein Hut ist fast schwarz, der Stiel auf cremefarbenem Grund schwarzschuppig, das Fleisch weiß und unverfärbend. Er ist eßbar und stellenweise recht häufig.

BIRKEN-ROTKAPPE, ORANGEGELBER RAUHFUß
Leccinum testaceo-scabrum (Secr.) ex Sing.

Eßbar

Hut   Jung orange oder gelborange, im Alter blasser, fast ockergelb, anfangs fein filzig, matt und trocken, später kahl. Zuerst halbkugelförmig, mit dem Rand an den Stiel angedrückt, später gewölbt und schließlich polsterförmig, 60—160 mm Durchmesser.
Die Röhren sind hellgrau bis olivgräulich, 10—30 mm lang am Stiel frei oder abgesetzt. Die Poren sind rundlich, eng, von Anfang an rauchgrau mit olivfarbenem Ton, in der Reife schmutzigbräunlich.

Stiel   Keulenförmig oder zylindrisch, voll, 80—220 mm lang und 20—70 mm dick, auf weißem oder grauem Grund dicht schwarzschuppig. Die Schuppen werden im Alter braun.

Fleisch   Dickfleischig, kompakt, weiß, an Schnittflächen rosaviolett oder grauviolett verfärbend, in der Stielbasis blaugrünlich. Jung ist es in dem gesamten Fruchtkörper elastisch fest, in der Reife im Hut weich und im Stiel faserig fest. Geschmack mild und angenehm, Geruch unbedeutend.

Sporenstaub   Braun.

Sporen   13—17 × 4—6 µm, längs-spindelförmig, an der Oberfläche glatt, honigbräunlich.

Vorkommen   Von Juni bis Ende Oktober unter Birken. Stellenweise wächst er sehr zahlreich, anderswo wiederum sehr selten. Am häufigsten kommt er in Birkenforsten vor.

Verwendung   Ein guter Speisepilz, der zum Dünsten oder als Beilage zu Fleischgerichten geeignet ist. Er ist vor allem deshalb wertvoll, weil er dickfleischig ist und selten von Insektenlarven befallen wird.

Verwechslung   Der Birken-Rotkappe ähnelt sehr die Braune Rotkappe *Leccinum decipiens* (Sing) Pil. et Dermek. Sie wächst in Sommer und Herbst ausschließlich unter der Silberpappel, hat einen gelbbraunen oder dunkelbraunen Hut, einen rauhen braunschuppigen Stiel, festes weißes Fleisch, das an Schnittflächen grauviolett verfärbt und in der Stielbasis blau wird. Sie ist ebenfalls eßbar und schmackhaft.

ESPEN-ROTKAPPE
Leccinum aurantiacum (Bull. ex St-Am.) S. F. Gray

Eßbar

Hut Rotorange, dunkelrot oder ziegelrot, jung feinfilzig, matt und trocken, alt kahl, anfangs halbkugelförmig, mit dem Rand eng am Stiel anliegend, später gewölbt und schließlich polsterförmig, 40—150 mm Durchmesser. Der Hutrand ist dünn und die Huthaut überdeckt die Röhren am Außenrand in Form eines lappigen überhängenden Saumes.
Die Röhren sind anfangs weißlich, später hellgrau mit olivfarbenem Ton, 7—30 mm lang, am Stiel ausgeschnitten oder frei. Die Poren sind rundlich, eng, jung sahnecreme, alt olivgrau.

Stiel Auf weißem, später bräunlichem Grund mehr oder weniger rotbraun schuppig-flockig, erst bauchig, dann gestreckt und gegen die Spitze verjüngt, hart, voll.

Fleisch Dickfleischig, fest, weiß, an Schnittflächen zuerst grauviolett, später braunrot, schließlich grauschwarz verfärbend. Milder, guter Geschmack und unbedeutender Geruch.

Sporenstaub Braun bis olivbraun, nach dem Austrocknen tabakbraun.

Sporen 13—17 × 4—5 µm, spindelförmig, an der Oberfläche glatt, gelbbraun.

Vorkommen Er wächst sehr zahlreich von Juli bis November unter Espen im Wald, aber auch unter einzelstehenden Espen außerhalb des Waldes. Auch unerfahrene Pilzsammler finden ihn mühelos, da der rote Pilzhut von weitem die Aufmerksamkeit auf sich lenkt.

Verwendung Eßbar und schmackhaft, vor allem zum Dünsten oder als Beilage zu Fleischgerichten, Risotto, aber auch zum Trocknen geeignet. Die getrockneten Scheiben sind fast schwarz oder grauschwarz.

Verwechslung Der Espen-Rotkappe ähnelt sehr die Eichen-Rotkappe *Leccinum quercinum* Pil., die sich durch ihren rotbraunen Hut und Stiel, der gleich von Anfang an braunschuppig ist, unterscheidet. Die Schuppen sind in der Stielmitte jeweils am dichtesten. Die Fruchtkörper sind fast immer robust und fest. Sie wächst von Juni bis November in Eichenwäldern, ist eßbar und sehr wohlschmeckend.

GALLEN-RÖHRLING, GALLENPILZ
Tylopilus felleus (Bull. ex Fr.) P. Karst.
Syn.: *Boletus felleus* Bull. ex Fr.

Ungenießbar

Hut Hell lederbraun, gelbbraun oder dunkelbraun, glatt, jung samtig und matt, trocken, im Alter kahl. Anfangs halbkugelförmig, später gewölbt und schließlich polsterförmig, zentral oder bisweilen auch exzentrisch, 50–120 mm Durchmesser.
Die Röhren sind anfangs weiß, dann graurosa, in der Reife fleischrosa, 15–20 mm lang, am Stiel frei oder abgesetzt. Die Poren sind rund bis eckig, eng, jung weiß, später rosa, im Alter fleischfarben an Druckstellen braun verfärbend.

Stiel Anfangs bauchig, später keulenförmig oder zylindrisch, zentral oder exzentrisch, voll, 50–125 mm lang und 10–35 mm dick, an der Spitze weißlich oder cremegelblich, an anderen Stellen gelblich oder ockergelb, auffallend braun genetzt. Die Rippen des Netzes sind relativ dick und erhaben, so daß das Netz ausgesprochen plastisch ist.

Fleisch Elastisch, weiß, an Schnittflächen unverfärbend, Geschmack zuerst süßlich, bald jedoch widerlich bitter, unbedeutender Geruch.

Sporenstaub Rosa bis fleischfarben.

Sporen 10–15 × 4–5 µm, ellipsoid-spindelförmig, an der Oberfläche glatt, farblos oder sehr fein graurosa.

Vorkommen Von Juni bis Ende Oktober in Nadel- und Mischwäldern, einzeln und in Gruppen. Stellenweise ist er sehr zahlreich, anderswo wiederum ziemlich selten. Meistens kommt er in Kiefernwäldern auf Sandboden vor.

Verwendung Er ist, da widerlich bitter, ungenießbar. Einige Scheiben des Gallen-Röhrlings (irrtümlicherweise zwischen gute Speisepilze gemischt) können das Essen völlig ungenießbar machen.

Verwechslung Viele Pilzsammler haben den Gallen-Röhrling schon mit dem Sommer-Steinpilz *Boletus aestivalis* (Paul.) ex Fr. verwechselt. Diese beiden Arten sind sich mitunter auf den ersten Blick wirklich sehr ähnlich. Der Gallen-Röhrling hat im Alter fleischfarbene Röhren und Poren und einen auffallend braun genetzten Stiel. Der Sommer-Steinpilz hat im Alter grüngelbe Röhren und Poren und einen fein weiß genetzten Stiel. Im jungen Stadium, wenn bei beiden Arten die Poren noch weiß sind, ist ein Kosten des Fleisches die sicherste Probe.

ECHTER REIZKER, EDELREIZKER, KIEFERN-REIZKER
Lactarius deliciosus (L. ex Fr.) S. F. Gray

Eßbar

Hut Ockerorange oder ziegelorange, mit rostbraunen konzentrischen Streifen (Zonen), stellenweise grünlich gefleckt. Jung ist er gewölbt mit eingerolltem Rand, später flach, in der Mitte eingedrückt oder trichterförmig, 50—150 mm Durchmesser. Die Oberhaut ist glatt, anfangs feinfilzig, später kahl.
Die Lamellen sind bogenförmig herablaufend, ziemlich dicht, 4—6 mm breit, jung gelborange, im Alter sattorange, an Druckstellen grün verfärbend.

Stiel Zylindrisch, 30—70 mm lang und 10—25 mm dick, innen anfangs porös, später hohl. An der Oberfläche glatt oder grubig, orange oder rotorange, stellenweise grünlich gefleckt.

Fleisch Sehr brüchig, weißlich oder sahnegelblich, an Schnittflächen sofort orange bis karottenrot verfärbend, später verblassend und einen grünlichen Ton annehmend. Geruch angenehm, Geschmack würzig und pikant. Die Milch ist orange bis rotorange.

Sporenstaub Sahnegelblich.

Sporen 7—9 × 6—7 µm, kugelförmig oder eiförmig, an der Oberfläche dicht kurzstachelig und genetzt, hellcreme oder fast farblos.

Vorkommen Von August bis November in Gebirgsfichtenwäldern und bei günstigen Witterungsbedingungen meist in großen Mengen wachsend.

Verwendung Ein ausgezeichneter, von den Reizkern wohl der schmackhafteste Speisepilz. Am besten eignet er sich zum Einlegen in Essig, mundet jedoch auch vorzüglich auf Zwiebeln gedünstet, mit Paprika gewürzt und zusammen mit Eieromeletts serviert.

Verwechslung In Kiefernwäldern im Flachland wächst der Echte Kiefern-Reizker *Lactarius deliciosus* var. *pini* Vasilk.; der fleischiger und fester ist, deutlichere Zonen am Hut ausgebildet hat und meist auch größer, stattlicher ist. Er ist genauso schmackhaft wie der Echte Reizker, kommt allerdings seltener vor.

ZOTTIGER REIZKER, BIRKEN-MILCHLING
Lactarius torminosus (Schaeff. ex Fr.) S. F. Gray

Ungenießbar

Hut Hell fleischfarben bis rosarötlich, meist heller oder dunkler gezont, anfangs dicht faserig-filzig bis wollig-zottig, später in der Mitte fast kahl und am Hutrand mit weißen filzigen Haaren dicht gesäumt. Im jungen Stadium gewölbt, in der Mitte nabelförmig eingedrückt mit stark eingerolltem Rand, später ausgebreitet und etwas vertieft. 50—120 mm Durchmesser. Die Lamellen sind etwas herablaufend, sehr dicht, 3—4 mm breit, zuerst hellcremefarben, dann rosagelblich.
Stiel Zylindrisch, zentral, 30—70 mm lang und 10—25 mm dick, innen zuerst porös, dann hohl, an der Oberfläche glatt und stellenweise grubig, kahl, ockerrötlich oder rosarötlich.
Fleisch Fest und zerbrechlich, weiß, an Schnittflächen unverfärbend, Geruch unbedeutend, manchmal etwas nach Terpentin. Die Milch ist immer weiß, zusammenziehend und brennend scharf.
Sporenstaub Hellcremefarben.
Sporen 7,5—10 × 6—7,5 µm, kugelförmig oder eiförmig, an der Oberfläche stumpfwarzig und fein genetzt, farblos.
Vorkommen Von September bis Oktober in Birkenwäldern oder auch unter einzelstehenden Birken in Mischwäldern, einzeln oder in größeren Gruppen.
Verwendung Er ist wegen seines brennend-scharfen Geschmacks ungenießbar. In einigen Ländern wird er dennoch nach einer guten Vorbehandlung (Wässern, Abkochen mit Salzwasser und Abgießen) gegessen. Nach dem Kochen verliert er den brennenden Geschmack und kann dann in Essig oder Salz eingelegt werden.
Verwechslung Dem Zottigen Reizker ähnelt der Flaumige Moor-Milchling *Lactarius pubescens* (Schrad. ex Fr.) Bres. Dieser unterscheidet sich durch weniger deutliche konzentrische Streifen (Zonen) am Hut und eine blassere Färbung. Er wächst in Sommer und Herbst in Laubwäldern und ist giftig.

BRÄTLING, MILCH-BRÄTLING
Lactarius volemus (Fr.) Fr.

Eßbar

Hut Gelbbraun bis braun, ungezont, trocken, matt, anfangs samtigfilzig, im Alter kahl und oft rissig. Jung gewölbt mit leicht eingerolltem Rand, später fast flach, in der Mitte vertieft, schließlich bis trichterförmig, 80—150 mm Durchmesser.
Die Lamellen sind herablaufend, gedrängt, 4—7 mm breit, anfangs cremefarben, dann gelblich, an Druckstellen braun verfärbend.

Stiel Zylindrisch, voll, 50—120 mm lang und 15—25 mm dick, an der Oberfläche glatt und kahl, gelbbraun, hellrotbraun oder braun, aber stets blasser gefärbt als der Hut.

Fleisch Fest und brüchig, cremefarben oder hellgelblich, mit seinem Geruch an Heringe erinnernd. Die Milch ist sehr reichlich, weiß, an der Luft grau verfärbend. Anfangs süßlich, nach einer Weile unangenehm zusammenziehend.

Sporenstaub Creme bis hellockerfarben.

Sporen 8—12 × 7—11 µm, fast kugelförmig, an der Oberfläche fein stachelig und genetzt, farblos.

Vorkommen Von Juni bis Oktober in Laub- und Nadelwäldern, einzeln oder nur in kleinen Gruppen, niemals in großer Anzahl. Am häufigsten in Vorgebirgen.

Verwendung Ein eßbarer Pilz, der mehr oder weniger beliebt ist. Er wird oft roh, nur etwas gesalzen gegessen. Viele Menschen schätzen ihn in Butter mit Kümmel gedünstet.

Verwechslung Den Brätling kann man bei etwas Aufmerksamkeit mit keinem ungenießbaren oder mäßig giftigen Reizker verwechseln.
Mäßig giftig ist beispielsweise der Bruch-Reizker (Maggipilz) *Lactarius helvus* (Fr.) Fr. Sein Hut ist ockerbräunlich mit einem rötlichen Ton, ungezont. Die Lamellen sind zuerst weißlich, dann ockergelb, schließlich orange-ockerfarben. Der Stiel ist ockerbräunlich, im Alter hohl, das Fleisch ist hellockerfarben, riecht nach Maggigewürz oder Zichorie. Die Milch ist farblos klar. Der Geschmack ist bitter, herb. Bei reichlicherem Genuß kann er Vergiftungen hervorrufen.

FLEISCHROTER SPEISE-TÄUBLING
Russula vesca Fr.

Eßbar

Hut Hellockerfarbig, fleischrötlich oder braunrot, oft auf hellgelblichem Grund rosa oder lila gefleckt, am Rand zuerst glatt, später fein gerieft. Jung halbkugelförmig, dann gewölbt, schließlich flach, in der Mitte gewöhnlich vertieft, 40—120 mm Durchmesser. Die Oberhaut ist kahl, teilweise ablösbar.
Die Lamellen sind brüchig, jung weiß, in der Reife an der Schneide rostig gefleckt, gedrängt, 7—10 mm breit, am Stiel frei, am Hutrand abgerundet.

Stiel Zylindrisch, nach unten verjüngt, voll, 30—60 mm lang und 15—25 mm dick, fest, an der Oberfläche weiß, an der Basis gelblich oder rostockerfarben.

Fleisch Brüchig, weiß, an Schnittflächen stellenweise rostbraun verfärbend, Geschmack mild, wohlschmeckend, an Haselnüsse erinnernd. Frisch riecht es unauffällig, im Alter nach Hering.

Sporenstaub Kreideweiß.

Sporen 6—8 × 5—6 µm, fast kugelförmig oder eiförmig, an der Oberfläche fein isoliert gepunktet, farblos.

Vorkommen Von Juni bis Oktober in Laub- und Nadelwäldern. Bei günstigen Witterungsbedingungen wächst er stets in großer Anzahl. Leider ist er oft von Insektenlarven befallen.

Verwendung Ein guter Speisepilz, der zur Gruppe der schmackhaftesten Täublinge gehört. Er eignet sich für Suppen und zum Dünsten.

Verwechslung Einen roten oder rosafarbenen Hut besitzt auch der mäßig giftige Spei-Täubling *Russula emetica* (Schaeff. ex Fr.) S. F. Gray, der sich von dem Speise-Täubling durch meist kleinere Fruchtkörper, cremegelbe Lamellen, aber vor allem durch den brennend-scharfen Geschmack unterscheidet. Empfindliche Personen können leichte Vergiftungen bekommen.

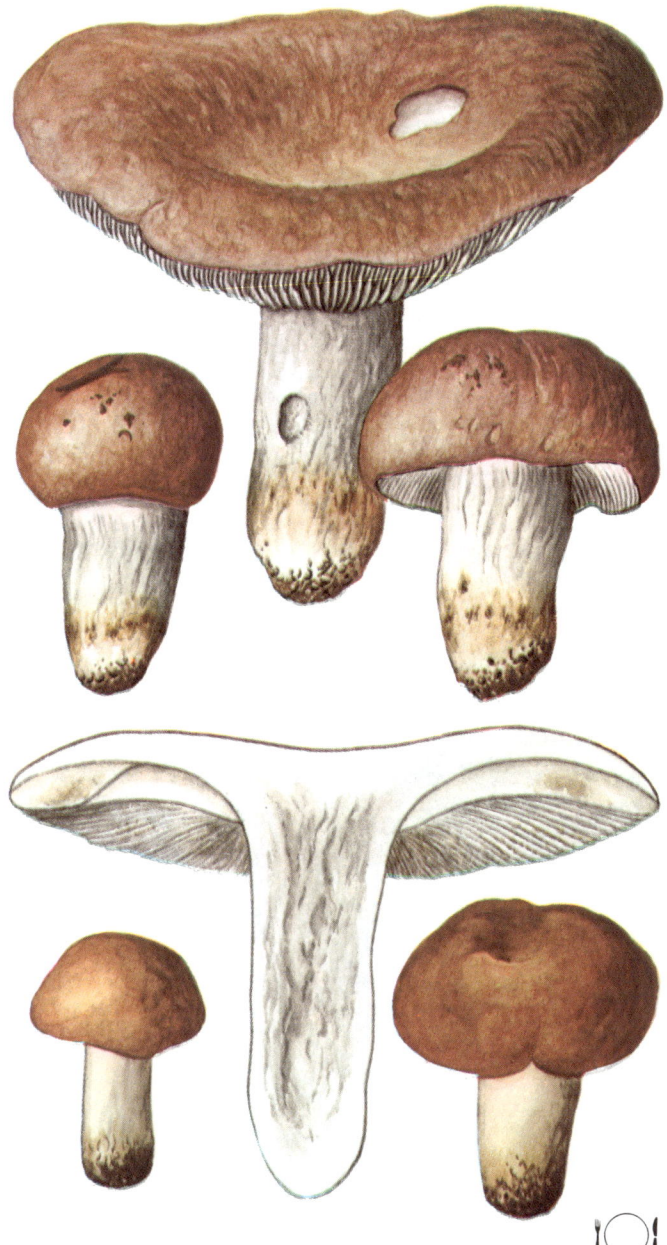

FRAUEN-TÄUBLING
Russula cyanoxantha (Schaeff. ex Schw.) Fr.

Eßbar

Hut Sehr variabel gefärbt, am häufigsten graugrün, schiefergrau, blaugrau, violett, in der Mitte oft gelblich oder ockerfarben, am Rand mitunter rosa. Die Oberhaut ist bei feuchter Witterung klebrig-schmierig, glänzend und fein eingewachsen faserig. Jung ist der Hut halbkugelförmig, später gewölbt, alt flach und in der Mitte vertieft, 50—160 mm Durchmesser.
Die Lamellen sind weich, elastisch, nicht brüchig, gedrängt, 5—10 mm breit, am Stiel frei, am Hut abgerundet, anfangs weiß, später sahnegelblich.

Stiel Zylindrisch, zuerst voll und fest, später porös und brüchig, 50—120 mm lang und 15—30 mm dick, an der Oberfläche oftmals runzelig, kahl, weiß, bisweilen stellenweise mit feinem Violetton.

Fleisch Fest, elastisch und saftig, weiß, an Schnittflächen unverfärbend, Geschmack mild, fast nußartig, unauffälliger Geruch.

Sporenstaub Kreideweiß.

Sporen 8—9 × 7—8 μm, fast kugelförmig, an der Oberfläche isoliert punktiert, farblos.

Vorkommen Er wächst von Juni bis November, zahlreich in Laub- und Nadelwäldern im Flachland und im Gebirge.

Verwendung Ein ausgezeichneter Speisepilz, von den Täublingen wohl der schmackhafteste. Er eignet sich zu Suppen, als Beilage zu Fleischgerichten und junge Exemplare können in einem Pilzgemisch in Essig eingelegt werden. Von dem Frauen-Täubling läßt sich, eventuell auch zusammen mit Speise-Täublingen und Gefelderten Grün-Täublingen ein ausgezeichnetes Pilzragout zubereiten.

Verwechslung Große Ähnlichkeit mit dem Frauen-Täubling hat der Graugrüne Täubling *Russula grisea* Pers. ex Secr. Sein Hut ist schiefergrau, olivgrau oder lilagrau, die Lamellen sind zuerst weiß, dann cremefarben, brüchig, der Stiel ist weiß, stellenweise rosa oder violett, faltig gerieft. Das Fleisch ist mild schmeckend, weiß, ohne besonderen Geruch. Er wächst in Sommer und Herbst in Laubwäldern, vor allem unter Buchen und ist eßbar.

GEFELDERTER GRÜN-TÄUBLING
Russula virescens (Schaeff. ex Zanted.) Fr.

Eßbar

Hut Dickfleischig, sehr fest, spangrün oder hellolivockerfarben mit rostbraunen Flecken. Er ist meist trocken, genarbt, alt felderigrissig, jung fast kugelförmig, später gewölbt, dann flach, in der Mitte oft vertieft, 60—140 mm Durchmesser. Die Oberhaut läßt sich nicht vom Hut ablösen.
Die Lamellen sind gedrängt, 5—10 mm breit, am Stiel frei, anfangs weiß, später sahnecremefarben, im Alter an der Schneide stellenweise braunocker.

Stiel Zylindrisch, 60—120 mm lang und 15—40 mm dick, jung voll und fest, im Alter porös ausgestopft und brüchig, weiß, an Druckstellen gilbend.

Fleisch Jung sehr hart und knusprig, später weich werdend und zerbrökkelnd. Es ist weiß, an Schnittflächen oft rostocker verfärbend. Sein Geschmack ist mild, fast nußartig süßlich, der Geruch unauffällig.

Sporenstaub Weiß, manchmal auch hellcremefarben.

Sporen 8—9 × 7—8 µm, fast kugelförmig, an der Oberfläche kurzstachelig, fein punktiert, nicht völlig genetzt, farblos.

Vorkommen Von Juni bis Oktober in Laub- und Mischwäldern, meist unter Eichen und Birken. Die Pilze wachsen in kleinen Gruppen, oft auch bei trockenem Wetter, wenn kaum andere Speisepilze wachsen.

Verwendung Er gehört zur Gruppe der schmackhaftesten Täublinge und eignet sich für beliebige Zubereitungsarten. Die jungen Pilze sind sehr fest und knusprig, weshalb sie sich auch gut in Essig einlegen lassen.

Verwechslung Der Gefelderte Grün-Täubling hat so charakteristische Merkmale, daß er mit keiner anderen Täublingsart verwechselt werden kann.

GRASGRÜNER BIRKEN-TÄUBLING
Russula aeruginea Lindbl. in Fr.
Syn.: *Russula graminicolor* (Secr.) Quél. s. auct.

Eßbar

Hut Anfangs halbkugelförmig, später flach gewölbt, reif ganz flach, in der Mitte oft vertieft, 30−100 mm breit, am Rand gerieft, grün, olivgrün bis gelbgrün, in der Mitte meist am dunkelsten. Die Oberhaut ist jung schmierig oder zumindest klebrig-feucht, läßt sich teilweise ablösen.
Die Lamellen sind erst weiß, später strohgelb, 8−10 mm breit, eng, dünn, zart, am Stiel angewachsen, am Hutrand abgerundet.

Stiel Zylindrisch, 40−80 mm lang und 10−20 mm dick, jung voll, reif porös, an der Oberfläche weiß, an der Basis zuweilen rostfarbig gefleckt, glatt, kahl und seidig glänzend.

Fleisch Zart, weiß, unverfärbend an Schnittstellen, Geschmack brennend und Geruch unbedeutend.

Sporenstaub Sattcremefarben.

Sporen 8 × 6−7 μm, fast kugelförmig, feinstachelig, nicht vollständig genetzt, farblos.

Vorkommen Von Juni bis Oktober in Laub- und Nadelwäldern. Die Fruchtkörper wachsen gewöhnlich in kleinen Gruppen vor allem unter Fichten und Birken.

Verwendung Im gekochten Zustand ein eßbarer Pilz, auch wenn jung mit brennendem Fleisch und Lamellen. Nach dem Kochen oder Dünsten verliert sich der brennende Geschmack.

Verwechslung Dem Grasgrünen Birken-Täubling ähnelt farblich bisweilen sehr der Grüne Speise-Täubling *Russula heterophylla* (Fr.) Fr. ss. J. Schaeff. Sein Hut ist grün, gelbgrün oder olivgrün, in der Mitte meist braun. Die Lamellen sind zuerst weiß, später hellgelblich, am Hutrand oftmals gabelförmig geteilt. Von Juli bis Oktober in Laubwäldern, vor allem unter Buchen vorkommend. Er ist eßbar.

CHROMGELBER GRAUSTIEL-TÄUBLING
Russula claroflava Grove s. Melz. et Zv.
Syn.: *Russula flava* (Rom.) Rom. ap. Lindbl.

Eßbar

Hut 50—80 mm breit, jung halbkugelförmig, gewölbt, später flach, kahl, matt, zitronengelb oder chromgelb, Oberhaut teilweise ablösbar.
Lamellen 6—8 mm breit, eng, am Stiel frei, anfangs weiß, später buttergelb, an verletzten Stellen oder auch im Alter schwarzgrau verfärbend.

Stiel 40—60 mm lang und 8—12 mm dick, zylindrisch, zuerst glatt, dann feinfaserig, jung weiß, reif grau, anfangs voll, später gekammert-hohl.

Fleisch Sehr zart, weiß, an Schnittstellen grau verfärbend. Geschmack mild bis leicht bitter, Geruch unbedeutend.

Sporenstaub Cremefarben bis hellockerfarben.

Sporen 8—10 × 7—8 µm, elliptisch, an der Oberfläche stachelig, nicht vollständig genetzt, farblos.

Vorkommen In Laubwäldern, an feuchten Grasstellen, vor allem unter Birken, Pappeln und Erlen. Er wächst von Ende Juli bis Oktober in kleinen Gruppen.

Verwendung Ein eßbarer Pilz, jedoch ohne besonders guten Geschmack. Außerdem ist er sehr zart und zerkrümelt leicht im Korb.

Verwechslung Dem Chromgelben Graustiel-Täubling ähnelt etwas der Orangerote Graustiel-Täubling *Russula decolorans* Fr. Dieser unterscheidet sich durch größere Fruchtkörper und die öfter ziegelrote oder orangerote Farbe des Hutes. Er wächst von Juli bis Ende September in feuchten Kiefernwäldern, am häufigsten in Vorgebirgsgegenden. Er ist eßbar und recht wohlschmeckend.

ROTSTIELIGER LEDER-TÄUBLING
Russula olivacea (Schaeff. ex Secr.) Fr.

Eßbar

Hut Purpurrot, weinrot, violett, olivgrün oder ockerfarben, entweder einfarbig oder mehrfarbig aus einem Gemisch der genannten Farben, anfangs kahl, später samtig, jung fast kugelförmig, dann gewölbt, alt flach, in der Mitte oft eingedrückt, am Rand glatt, 100—200 mm Durchmesser.
Die Lamellen sind 6—10 mm breit, dicht, ziemlich dick, am Stiel zuerst angewachsen, dann frei, am Hutrand abgerundet, jung gelb, später gelborange.

Stiel Zylindrisch oder spindelförmig, 60—150 mm lang und 25—40 mm dick, glatt, samtig, cremefarben mit Purpurton, oft ganz purpurrot, alt an der Basis gelb bis rostbraun, innen zuerst voll, später porös ausgestopft.

Fleisch Jung saftig, weiß, an Schnittflächen unverfärbend, Geschmack mild, Geruch unbedeutend.

Sporenstaub Sattgelb.

Sporen 8—13 × 8—12 µm, fast kugelförmig, an der Oberfläche isoliert stachelig, hellgelb.

Vorkommen Von Juni bis Oktober in Laub- und Nadelwäldern. Er wächst oft auch bei trockenem Wetter. In höheren Lagen ist er häufiger als im Flachland.

Verwendung Ein guter Speisepilz, der vor allem deshalb wertvoll ist, weil er dickfleischig ist, und zeitig im Sommer auftaucht, wenn andere Pilze noch spärlich wachsen. Er läßt sich, ähnlich wie der Frauen-Täubling, auf verschiedene Arten zubereiten.

Verwechslung Dem Rotstieligen Leder-Täubling ähnelt farblich und durch seinen stattlichen Wuchs mitunter der Weißstielige Leder-Täubling *Russula alutacea* (Pers. ex Fr.) em. Melzer-Zvára. Sein Hut ist weinrot, braunrot, violett, gelbgrün oder ockergelb. Die Lamellen sind anfangs gelblich, später dottergelb, der Stiel ist dick, zylindrisch, reinweiß. Das Fleisch ist weiß, angenehm riechend und wohlschmeckend. Er wächst von Juni bis September in Laubwäldern, ist eßbar und schmackhaft.
Außerdem kommen Verwechslungen mit rötlichen Formen vom Herings-Täubling *Russula xerampelina* (Schaeff.) Fr. vor. Sie wachsen von Juli bis November im Nadelwald und sind ebenfalls eßbar und gut.

GOLD-TÄUBLING
Russula aurata With. ex Fr.

Eßbar

Hut Anfangs zinnoberrot oder orangerot, bald jedoch auf gelbem Grund fleckig rot und orange oder nur chromgelb. Jung fast kugelförmig, später gewölbt, im Alter flach ausgebreitet, in der Mitte oft vertieft und am Rand gerieft, 60—120 mm Durchmesser, die Oberhaut ist anfangs kahl, etwas schmierig und glänzend, später samtig matt.
Die Lamellen sind 6—10 mm breit, mitteldick, am Stiel frei, am Hutrand breit abgerundet, zuerst creme-, später buttergelb, an der Schneide chromgelb, alt sehr brüchig-bröckelig.

Stiel Zylindrisch oder keulenförmig, 35—80 mm lang und 15—25 mm dick, weiß mit gelbem Ton, glatt oder auch faltig, gewöhnlich kahl. Jung innen voll, alt porös ausgestopft.

Fleisch Sehr mürb-zerbrechlich, weiß, unter der Oberhaut des Hutes goldgelb, an Schnittflächen unverfärbend. Geschmack mild und Geruch unauffällig.

Sporenstaub Gelb.

Sporen 9—12 × 9—11 µm, an der Oberfläche warzig mit netzigen Graten, gelblich.

Vorkommen Von Juni bis Ende September in Laub und Nadelwäldern. Er ist nie sehr zahlreich, wächst nur einzeln, niemals in großen Gruppen.

Verwendung Ein eßbarer schmackhafter Pilz. Er hat nur den einen Nachteil, daß das Fleisch im Alter sehr brüchig und bröckelig wird.

Verwechslung Dem Gold-Täubling ähnelt auf den ersten Blick der Harte Zinnober-Täubling *Russula lepida* Fr. Er unterscheidet sich vor allem dadurch, daß der ganze Fruchtkörper sehr fest und der Hut stets zinnoberrot gefärbt ist. Das Fleisch ist trocken, hat einen milden, etwas bitteren Geschmack und riecht leicht obstig, beim Kochen nach Terpentin. Er wächst von Juli bis Oktober in Laub- und Nadelwäldern und ist ungenießbar.

HERINGS-TÄUBLING
Russula xerampelina (Schaeff. ex Secr.) Fr.

Eßbar

Hut Sehr veränderlich gefärbt, je nachdem, unter welchen Bäumen dieser Pilz wächst. In Nadelwäldern sind die Hüte strahlend karminrot, weinrot oder purpurrot, in Eichenwäldern sind sie blasser, meist rosa, oliv oder braunrot, unter Birken wiederum gelb oder gelbgrün, manchmal mit violettem Rand. Jung ist der Hut halbkugelförmig, später gewölbt und schließlich flach, in der Mitte gewöhnlich eingedrückt oder vertieft, 60−120 mm Durchmesser. Die Oberhaut ist anfangs leicht schmierig, später trocken, matt und fein samtig.
Die Lamellen sind zuerst cremeweiß, später gelblichcremefarben, an Druckstellen werden sie braun, 7−12 mm breit, gedrängt, brüchig, am Stiel frei, am Hutrand abgerundet.

Stiel Zylindrisch, 40−80 mm lang und 15−30 mm dick, an der Oberfläche kahl, glatt oder fein runzelig, weiß mit rötlichem Ton oder oft ganz rot. Innen anfangs voll, später porös und brüchig.

Fleisch Anfangs weiß oder cremefarben, an Schnittflächen stellenweise braungelb verfärbend. Geschmack jung etwas scharf, später mild. Der Geruch ist erst unauffällig, später nach Heringen.

Sporenstaub Hellockerfarben.

Sporen 8−13 × 8−11 µm, breit ellipsoid, an der Oberfläche stachelig, sahnegelblich.

Vorkommen Von August bis Ende November in Laub- und Nadelwäldern, verstreut, in kleinen Gruppen. Überall ist er relativ häufig.

Verwendung Ein Speisepilz von durchschnittlicher Geschmacksqualität. Zum Essen wird er in einem Gemisch mit anderen Arten schmackhafterer Täublinge verwendet.

Verwechslung Den rotgefärbten Fruchtkörpern des Herings-Täublings ähnelt bisweilen der Honig-Täubling *Russula melliolens* Quél. Sein Hut ist rot oder rostbraun, die Lamellen zuerst weiß, später sahnegelblich, der Stiel ist weiß, selten mit rötlichen Tönen. Das Fleisch ist jung weiß, alt ockerfarben gefleckt, angenehm nach Honig duftend. Er wächst im Sommer in Laubwäldern, meist unter Eichen und ist eßbar.

FLASCHEN-STÄUBLING
Lycoperdon perlatum Pers. ex Pers.

Eßbar

Fruchtkörper Meist keulen- oder birnenförmig. Der kugelförmige fruchtbare Teil ist im Durchmesser 20—50 mm, der zylindrische sterile untere Teil ist 20—60 mm lang und 12—22 mm dick. Anfangs ist er ganz weiß, stachelig-warzig (vor allem an dem oberen kugelförmigen Teil), dann ockerfarben bis braun und kahl. Das Innere des Fruchtkörpers ist jung weiß und elastisch. Nach dem Ausreifen trocknet der ganze Fruchtkörper aus und die weiße Innenmasse verwandelt sich in olivgrünen Sporenstaub, der durch eine Öffnung am Scheitel des Kugelteils nach außen entweicht.
Sporen 3,5—4,5 µm, kugelförmig, an der Oberfläche feinwarzig, hellolivbraun.
Vorkommen Von Juni bis November in Laub- und Nadelwäldern, fast immer in großen Gruppen. Er ist weit verbreitet.
Verwendung Ein guter Speisepilz, solange die Fruchtmasse noch weiß und elastisch ist. Vor der Zubereitung zum Essen wird die Hülle, die gummiartig und wenig schmackhaft ist, entfernt.
Verwechslung Dem Flaschen-Stäubling ähnelt sehr der Beutel-Stäubling *Calvatia excipuliformis* (Scop. ex Pers.) Perd. Der Fruchtkörper ist 50—150 mm hoch, keulenförmig oder birnenförmig, im oberen kugelförmigen Teil 30—80 mm breit. Jung ist er weiß, am Oberteil stachelig-warzig, später kahl und gelb. In völliger Reife ist er braun. Zum Unterschied vom Flaschen-Stäubling entsteht an seiner Spitze keine Öffnung, sondern der gesamte obere Teil zerfällt und es bleibt nur der sterile Stiel übrig. Das Innere des Fruchtkörpers ist anfangs weiß und elastisch, in der Reife verwandelt es sich in dunkelbraunen Sporenstaub. Die Sporen sind 5—6 µm, kugelförmig, an der Oberfläche stachelig, dunkelbraun. Er wächst von Juli bis November in Laub- und Nadelwäldern, aber auch auf Wiesen außerhalb eines Waldes. Er ist in jungem Zustand ein eßbarer Pilz, zum Essen wird er ebenso so wie der Flaschen-Stäubling zubereitet. Nahezu alle Stäublingsarten sind jung eßbar.

KARTOFFEL-HARTBOVIST, DICKSCHALIGER KARTOFFELBOVIST
Scleroderma aurantium Pers.

Giftig

Fruchtkörper Knollig, an der Längsseite mißt er 30–100 mm, im Querschnitt ist er nierenförmig, an der Oberfläche gelblich bis ockerfarben, im oberen Teil felderig-rissig mit groben Warzen. Der untere Teil des Fruchtkörpers ist runzelig und kahl, etwas verjüngt mit einem wurzelähnlichen Bündel von Myzelsträngen. Die Hülle (Peridium) ist sehr dick (2–4 mm). Die fruchtbare Innenmasse des Fruchtkörpers (Gleba) ist anfangs weiß, im Alter schwarz, von weißen sterilen Fasern durchwebt. Im Alter verändert sich die Innenmasse zu olivbraunem Sporenstaub und die Hülle platzt oben in ungleichgroße Zipfel auf.

Sporen 7–15 µm, kugelförmig, an der Oberfläche stachelig, mit netzartiger Ornamentik, schwarzbraun.

Vorkommen Von Juli bis November in Laub- und Nadelwäldern. Am zahlreichsten auf Sandböden.

Achtung Er ist giftig, jedoch nur in größeren Mengen. Wenn er den Speisen in geringerer Menge (2–3 Scheiben) zugefügt wird, ist er unschädlich. Den Speisen wird er vor allem deshalb hinzugefügt, weil er in seinem Geschmack und Geruch an einige eßbare Trüffel erinnert.

Ebenso giftig wie der Dickschalige ist auch der Dünnschalige Kartoffelbovist *Scleroderma verrucosum* Pers. Der Fruchtkörper ist kleiner, wird in der Reife kastanienbraun und ist manchmal leicht gestielt.

Verwechslung Pilzsammler können bisweilen der interessanten Erscheinung begegnen, wie aus dem Fruchtkörper des Kartoffel-Hartbovistes kleine Röhrenpilze herauswachsen. Das sind die Fruchtkörper des Schmarotzer-Röhrling *Xerocomus parasiticus* (Bull. ex Fr.) Quél. Dieser kleine Röhrling ähnelt in Form und Farbe sehr jungen Exemplaren der Ziegenlippe. Er schmarotzt auf den Fruchtkörpern des Kartoffel-Hartbovistes und vernichtet sein Inneres. Obwohl der Schmarotzer-Röhrling eßbar ist, hat er für Pilzsammler keine Bedeutung, da er sehr selten ist und geschont werden sollte.

Kalender des Vorkommens eßbarer Pilze

Name des Pilzes	Seite	\multicolumn{12}{c}{Monate}
		I	II	III	IV	V	VI	VII	VIII	IX	X	XI	XII
Anhängsel-Röhrling	(167)						●	●	●	●			
Ansehnlicher Scheidling	(103)					●	●						
Austern-Seitling	(57)	●	●	●							●	●	●
Birken-Rotkappe	(185)						●	●	●	●	●		
Birken-Röhrling	(183)							●	●	●	●	●	
Brätling	(195)						●	●	●	●	●		
Butter-Röhrling	(145)						●	●	●	●	●	●	●
Chromgelber Graustiel-Täubling	(205)							●	●	●	●		
Echter Pfifferling	(49)						●	●	●	●	●	●	
Echter Reizker	(191)							●	●	●	●		
Echter Steinpilz	(159)							●	●	●	●		
Elfenbein-Röhrling	(147)					●	●	●	●	●	●		
Espen-Rotkappe	(187)						●	●	●	●	●		
Exzentrischer Rasling	(61)									●	●	●	●
Fleischroter Speise-Täubling	(197)						●	●	●	●	●		
Flaschen-Stäubling	(213)						●	●	●	●	●	●	
Frauen-Täubling	(199)						●	●	●	●	●	●	
Fuchsiger Scheidenstreifling	(87)						●	●	●	●	●		
Gefelderter Grün-Täubling	(201)						●	●	●	●	●		
Gemeiner Hallimasch	(65)									●	●		
Gold-Röhrling	(143)						●	●	●	●	●	●	
Gold-Täubling	(209)						●	●	●	●			
Grasgrüner Birken-Täubling	(203)						●	●	●	●	●		
Grünling	(77)										●	●	
Habichtspilz	(53)							●	●	●	●		

Name des Pilzes	Seite	Monate											
		I	II	III	IV	V	VI	VII	VIII	IX	X	XI	XII
Hainbuchen-Röhrling	(179)						●	●	●	●			
Hasen-Röhrling	(141)							●	●	●	●	●	
Härtlicher Birken-Röhrling	(181)							●	●	●			
Herings-Täubling	(211)							●	●	●	●		
Kornblumen-Röhrling	(139)						●	●	●	●			
Königs-Röhrling	(169)					●	●	●	●	●			
Körnchen-Röhrling	(149)						●	●	●	●	●	●	
Krause Glucke	(47)								●	●	●		
Kuh-Röhrling	(151)						●	●	●	●	●	●	
Kuhmaul	(135)							●	●	●	●	●	
Kupferroter Gelbfuß	(137)							●	●	●	●	●	
Lilastieliger Rötelritterling	(75)									●	●	●	
Maipilz	(63)				●	●							
Maronen-Röhrling	(157)						●	●	●	●	●	●	
März-Ellerling	(59)			●	●	●							
Mehl-Räsling	(129)							●	●	●	●	●	
Mönchskopf	(67)								●	●	●	●	●
Nebelgrauer Trichterling	(69)								●	●	●	●	
Nelken-Schwindling	(85)				●	●	●	●	●	●	●		
Parasol	(105)								●	●	●	●	
Perlpilz	(91)						●	●	●	●	●	●	
Rehbrauner Dachpilz	(101)				●	●	●	●	●	●	●	●	●
Rotstieliger Leder-Täubling	(207)							●	●	●	●	●	
Rötender Schirmpilz	(107)								●	●	●	●	
Samtfuß-Rübling	(83)										●	●	●
Sand-Röhrling	(153)						●	●	●	●	●	●	
Schaf-Champignon	(109)							●	●	●	●	●	
Schopf-Tintling	(115)			●	●		●	●	●	●	●	●	
Schusterpilz	(171)						●	●	●	●	●	●	
Schwarzfaseriger Ritterling	(79)										●	●	●
Schwarzhütiger Steinpilz	(163)						●	●	●	●	●	●	
Semmel-Stoppelpilz	(55)							●	●	●	●	●	

Name des Pilzes	Seite	Monate											
		I	II	III	IV	V	VI	VII	VIII	IX	X	XI	XII
Sommer-Steinpilz	(161)						●	●	●	●			
Speise-Morchel	(41)			●	●								
Spitz-Morchel	(43)			●	●								
Stockschwämmchen	(127)				●	●	●	●	●	●	●	●	●
Toten-Trompete	(51)							●	●	●	●		
Violetter Rötelritterling	(73)										●	●	●
Wald-Champignon	(111)						●	●	●	●	●		
Wiesen-Champignon	(113)				●	●	●	●	●	●	●		
Ziegenlippe	(155)						●	●	●	●	●		
Zigeuner	(125)								●	●	●		

Register der deutschen Namen

A
Austernpilz 56

B
Birkenpilz 22, 182
— Schwärzlicher 182
— Weißhütiger Moor- 182
Brätling 194
— Milch- 194
Bovist
— Dickschaliger Kartoffel- 8, 214
— Dünnschaliger Kartoffel- 214
— Kartoffel- Hart- 27, 214
— Riesen- 24
Butterpilz 6, 144

C
Champignon
— Blut- 110
— Karbol- 27, 108
— Schaf- 23, 108
— Scheiden- 112
— Wald- 110
— Wiesen- 112

D
Dachpilz
— Rehbrauner 100
— Schwarzschneidiger 100
Dickfuß
— Lila 72

E
Egerling
— Blut- 110
— Karbol- 27, 108
— Perlhuhn- 27
— Scheiden- 112
— Wald- 24, 110
— Weißer Anis- 23, 108
— Wiesen- 6, 24, 112

Eierschwamm
— Echter 48
— Falscher 48
Ellerling
— März- 22, 58

F
Fette Henne 46
Fliegenpilz
— Königs- 23, 26, 88
— Roter 6, 22, 23, 26, 88

G
Gallenpilz 188
Gelbfuß
— Filziger 136
— Helvetischer 136
— Kupferroter 24, 136
— Schmieriger 134
Giftkopf 122
Glucke
— Eichen- 46
— Krause 46
Graukopf 68
Grünling 22, 23, 76

H
Habichtspilz 23, 52
Hallimasch
— Gemeiner 6, 23, 64
— Honiggelber 64
— Ringloser 64
Hautkopf
— Gelbblättriger 122
— Gift- 22, 26, 122
— Orangefuchsiger 122
Helmling
— —Rettich- 27
Herbst-Trompete 50
Herrenpilz 158
Hirsepilz 152

K
Kaiserling 22, 24
Knollenblätterpilz
— Gelber 98
— Grüner 15, 22, 24, 25, 94
— Narzissengelber 98
— Spitzhütiger 23, 25, 96
— Weißer 25, 94
Koralle
— Goldgelbe 23
— Rötliche 23
Krempentrichterling
— Riesen- 66
Krempling
——Empfindlicher 132
— Kahler 22, 27, 132
Kuhmaul 134
Kuhpilz 150

L
Leistling
— Vollstieliger 50
Leuchtender Ölbaumpilz 24, 27
Lorchel
— Frühjahrs 22, 27, 44
— Gift- 44
— Riesen- 44

M
Maggipilz 28, 194
Maipilz 22, 24, 62
Mehlpilz 23, 128
Milchling
— Birken- 192
— Flaumiger Moor- 192
Möhrling 23
Mönchskopf 66
Morchel
— Hohe 42
— Speise- 40
— Spitz- 42
Mordschwamm 28

P
Pantherpilz 22, 25, 90, 92

— Tannen- 23
Parasol 11, 22, 24, 104
Perlpilz 24, 90
Pfifferling
— Echter 6, 23, 48
— Falscher 48

R
Rasling
— Büschel- 24, 60
— Exzentrischer 60
— Geselliger 60
— Weißer 60
Räsling
— Mehl- 128
Rauhfuß
— Gelber 23
— Hainbuchen- 178
— Orangegelber 184
Reifpilz 124
Reizker
— Bruch- 28, 194
— Echter 22, 23, 190
— Kiefern- 190
— Echter Riesen- 24
— Edel- 190
— Tannen- 28
— Zottiger 192
Rißpilz
— Kegeliger 26, 120
— Rübenstieliger 120
— Seidiger 26
— Ziegelroter 22, 26, 62, 118
Ritterling
— Brennender 78
— Echter 76
— Erd- 78
— Getropfter 27
— Grüngelber 27
— Mai- 62
— Rotblättriger 80
— Schnee- 78
— Schwarzfaseriger 22, 24, 78
— Schwefel- 27, 76

- Tiger- 26, 80
Röhrling
- Anhängsel- 22, 166
- Birken- 182
- Brauner Filz- 154
- Butter- 144
- Dickfuß- 164
- Dunkler Arven- 146
- Dunkler Purpur- 24, 27, 172, 176
- Elfenbein- 146
- Falscher Schwefel- 138
- Filziger 22, 154
- Flockenstieliger Hexen- 23, 170
- Gallen- 158, 188
- Gelber Bronze- 166, 22
- Glattstieliger Hexen- 170
- Gold- 142
- Goldgelber Lärchen- 23, 142
- Hainbuchen- 178
- Harter Rauhfuß- 24, 180
- Härtlicher Birken- 178, 180
- Hasen- 140
- Kapuziner 182
- Königs- 22, 24, 168
- Kornblumen- 138
- Körnchen- 148
- Kuh- 150
- Maronen- 22, 23, 24, 156, 162
- Netzstieliger Hexen- 23. 172
- Nüescher Lärchen- 142
- Pappel- 180
- Pfeffer- 150
- Prächtiger 168
- Primelgelber 138
- Purpur- 174
- Sand- 152
- Schmarotzer- 8, 214
- Schönfuß- 164
- Weinroter Purpur- 176
- Wurzelnder Bitter- 164
- Zimt- 140
Rotkappe
- Birken- 184
- Braune 184

- Eichen- 23, 186
- Espen- 22, 24, 186
Rötelritterling
- Lilastieliger 22, 24, 74
- Maskierter 74
- Veilchen- 24, 74
- Violetter 22, 72
- Zweifarbiger 74
Röteltrichterling
- Fuchsiger 27
Rötling
- Alkalischer 26
- Frühlings- 22, 24, 130
- Giftiger Riesen- 22, 25, 26, 130
- Niedergedrückter 26
- Schild- 22
Rübling
- Samtfuß 22, 82
- Spindeliger 27
- Waldfreund- 84

S
Satanspilz 24, 27, 164, 174
Scheidenstreifling
- Fuchsiger 86
- Gelbbräunlicher 86
- Grauer 86
Scheidling
- Ansehnlicher 102
- Wolliger 102
Schirmpilz
- Jungfern- 106
- Riesen- 24, 104
- Rötender 104, 106
- Safran- 104, 106
Schmerling
- Brauner 144, 148
Schneckling 58
- März- 58
Schönkopf 62
- Mai- 62
Schüppling
- Nadelholz- 126
- Runzel- 124

Schusterpilz 170
Schwefelkopf
— Grünblättriger 27, 116
— Rauchblättriger 116
— Ziegelroter 116
Schwindling
— Nelken 6, 22, 24, 84
Seitling
— Austern- 6, 22, 24, 56
— Rillenstieliger 56
Spargelpilz 114
Stacheling 52
— Gallen- 52
— Habichts- 52
Stäubling
— Beutel- 212
— Flaschen- 6, 212
— Hasen- 24
Steinpilz
— Birken- 160
— Echter 22, 23, 158
— Eichen- 160
— Gelber 166
— Kiefern- 22, 23
— Schwarzhütiger 24, 162
— Sommer- 22, 23, 160, 188
Stockschwämmchen 23, 82, 126
Stoppelpilz
— Semmel- 23, 54
— Rotgelber 54

T
Täubling
— Chromgelber Graustiel- 204
— Fleischroter Speise- 22, 196
— Frauen- 22, 198
— Gefelderter Grün- 22, 200
— Gold- 208
— Grasgrüner Birken- 202
— Graugrüner 198
— Grüner Speise- 202
— Harter Zinnober- 208
— Herings- 206, 210
— Honig- 210
— Orangeroter Graustiel- 204
— Purpurschwarzer- 27
— Rotstieliger Leder- 23, 206
— Spei- 27, 196
— Stachelbeer- 27
— Stink- 27
— Tränen- 27
— Weißstieliger Leder- 206
Tintling
— Grauer Falten- 114
— Schopf- 23, 24, 114
Trompete
— Toten- 50
— Herbst- 50
Trichterling
— Bleiweißer 22, 70
— Falber Riesen- 66
— Feld- 22, 70
— Nebelgrauer 68

V
Verpel
— Böhmische 22, 24

W
Winterpilz 82
Wulstling
— Frühlings- 94
— Gedrungener 92
— Grauer 92
— Narzissengelber 26
— Porphyrbrauner 26

Z
Ziegenlippe 22, 23, 154
Zigeuner 23, 124

Register der lateinischen Namen

A
Agaricus arvensis 23, 108
— bitorquis 112
— campestris 6, 24, 112
— haemorrhoidarius 110
— placomyces 27
— silvaticus 24, 110
— xanthoderma 27, 108
Amanita caesara 22, 24
— citrina 98
— fulva 86
— gemmata 26, 98
— mappa 98
— muscaria 6, 22, 23, 26
— pantherina 22, 23, 25, 90, 92
— pantherina var. abietinum 23
— phalloides 22, 24, 25, 94
— porphyria 26
— regalis 23, 26, 88
— rubescens 24, 90
— spissa 92
— vaginata 86
— verna 25
— virosa 23, 25, 96
Armillariella mellea 6, 23, 64
— tabescens 64
Ascomycetes 7, 19

B
Basidiomycetes 7, 19
Boletus aereus 24
— aestivalis 22, 23, 160, 188
— appendiculatus 22, 160
— badius 156
— betulicolus 160
— bovinus 150
— calopus 164
— edulis 22, 23, 158
— erythropus 23, 170
— felleus 188
— granulatus 148
— grevillei 20, 142
— junquilleus 138
— luridus 20, 23, 172
— luteus 144
— pinophilus 22, 23
— purpureus 172
— queletii 170
— radicans 164
— regius 22, 24, 168
— reticulatus 160
— rhodopurpureus 176
— rhodoxanthus 24, 27, 176
— satanas 24, 27, 164, 174
— speciosus 168
— splendidus 176
— subappendiculatus 166
— subtomentosus 154
— variegatus 152

C
Calocybe gambosa 22, 24, 62
Calvatia excipuliformis 212
— utriformis 24
Cantharellus cibarius 6, 23, 48
— cornucopioides 50
Catathelasma imperiale 23
Chalciporus piperatus 150
Clitocybe cerussata 22, 70
— dealbata 22, 70
— geotropa 66
— inversa 27
— nebularis 68
Clitopilus prunulus 23, 128
Collybia dryophila 84
— fusipes 27
— velutipes 82
Coprinus atramentarius 27, 114
— comatus 23, 24, 114
Cortinarius orellanus 22, 26, 122
— traganus 72
Craterellus cornucopioides 50

D
Dentinum repandum 23, 54
— repandum f. rufescens 54
Dermocybe cinnamomeolutescens 122
— orellana 122
Deuteromycetes 19

E
Entoloma clypeatum 22, 24, 130
— lividum 130
— nidorosum 26
— rhodopolium 26
— sinuatum 22, 25, 130

F
Flammulina velutipes 22, 82

G
Galerina marginata 126
Gasteromycetes 20
Gomphidius glutinosus 134
— helveticus 136
— rutilus 24, 136
Gyromitra esculenta 22, 27, 44
Gyroporus castaneus 140
— cynaescens 138

H
Hydnum imbricatum 23, 52
— repandum 54
— scabrosum 52
Hygrophoropsis aurantiaca 48
Hygrophorus marzuolus 22, 58
Hypholoma capnoides 116
— fasciculare 27, 116
— sublateritium 116

I
Inocybe fastigiata 26, 120
— geophylla 26
— napipes 120
— patouillardii 22, 26, 62, 118

K
Kuehneromyces mutabilis 23, 82

L
Lactarius deliciosus 22, 23, 190
— deliciosus var. pini 24, 190
— helvus 28, 194
— pubescens 192
— torminosus 192
— turpis 28
— volemus 194
Langermannia gigantea 24
Leccinum aurantiacum 22, 24, 186
— carpini 178
— decipiens 184
— duriusculum 24, 178, 180
— griseum 178
— holopus 182
— melaneum 182
— nigrescens 23
— quercinum 23, 186
— scabrum 22, 182
— testaceo-scabrum 184
Lepiota procera 104
— rhacodes 106
Lepista irina 24, 74
— nuda 22, 72
— saeva 22, 24, 74
Leucopaxillus giganteus 66
Lycoperdon perlatum 6, 212
Lyophyllum connatum 60
— decastes 24, 60
— fumosum 60

M
Macrolepiota procera 11, 22, 24, 104
— puellaris 106
— rhacodes 104, 106
Marasmius oreades 6, 22, 24, 84
Masseola crispa 46
Morchella conica 42
— elata 20, 42

— esculenta 40
Mycena pura 27
Mycophyta 18
Myxomycetes 18

N
Naematoloma fasciculare 116
Neogyromitra gigas 44

O
Omphalotus olearius 24, 27

P
Paxillus involutus 22, 27, 132
Pholiota caperata 124
— mutabilis 126
Phycomycetes 19
Pleurotus cornucopiae 56
— ostreatus 6, 22, 24, 56
Pluteus atricapillus 100
— atromarginatus 100
— cervinus 100
Psallitoa arvensis 108
— campestris 112
— silvatica 110
Pseudocraterellus sinuosus 50

R
Ramaria aurea 23
— botrytis 23
Rozites caperata 124
Russula aeruginea 202
— alutacea 206
— atropurpurea 27
— aurata 208
— claroflava 204
— cyanoxantha 22, 198
— decolorans 204
— emetica 27, 196
— flava 204
— foetens 27
— graminicolor 202
— grisea 198
— heterophylla 200

— lepida 208
— melliolens 210
— olivacea 23, 206
— queletii 27
— sardonia 27
— vesca 22, 196
— virescens 22, 200
— xerampelina 206, 210

S
Sarcodon imbricatus 52
Scleroderma aurantium 8, 214
— citrinum 27
— verrucosum 214
Sparassis crispa 46
— laminosa 46
— ramosa 46
Suillus bovinus 150
— fluryi 144, 148
— granulatus 148
— grevillei 20, 23, 142
— luteus 6, 144
— nueschii 142
— placidus 146
— plorans 146
— variegatus 152

T
Tricholoma equestre 76
— flavovirens 22, 76
— georgii 62
— nudum 72
— orirubens 80
— pardalotum 26, 80
— pardinum 80
— personatum 74
— pessundatum 27
— portentosum 22, 24, 78
— sejunctum 27
— sulphureum 27, 76
— terreum 78
— virgatum 78
Tylopilus felleus 158, 188

V

Verpa bohemica 22, 24
Volvariella bombycina 102
— speciosa 102

X

Xerocomus badius 22, 156, 162
— parasiticus 8, 214
— spadiceus 154
— subtomentosus 22, 23, 154

Inhaltsverzeichnis

Vorwort 5
Kurzcharakteristik der Pilze 6
Das Leben der Pilze und ihre Bedeutung in der Natur 7
Kurze Morphologie und Anatomie der Fruchtkörper 9
System und Nomenklatur der Pilze 18
Wie sammelt man Pilze 21
Wann und wo sammelt man Pilze 22
Vorsicht bei Giftpilzen 25
Pilze in der Küche 29
Rezepte für Pilzgerichte 31
Abbildungen und Artbeschreibungen 39
Kalender des Vorkommens eßbarer Pilze 217
Register der deutschen Namen 221
Register der lateinischen Namen 225

Weitere Titel:

DAUSIEN'S GROSSES PILZBUCH IN FARBE

von M. Svrček
316 Seiten mit 256 Farbtafeln, Leinen

Dieses Pilzbuch enthält alles, was der Pilzsammler braucht, aber es hat darüber hinaus noch Vorzüge, die man sonst in einem so preiswerten einbändigen Werk kaum findet:
– die breite Darstellung der Pilzsporen,
– die Verbreitungskarten,
– die histologischen Merkmale.
Hervorzuheben ist ferner die durch die zeichnerische Darstellung mögliche Abbildung in verschiedenen Wachstumsstadien mit Längsschnitten (auch kombiniert) und die Farbreaktionen.
Insgesamt enthält das Buch über 2000 farbige Pilzabbildungen.
So entstand ein Hand- und Hausbuch für Pilzsammler.

MIKROSKOPISCH-ANATOMISCHE BILDTAFELN FÜR DIE PRAKTISCHE PILZKUNDE

von Alfred Birkfeld und Kurt Herschel
13 Lieferungen zu je 16 Bildtafeln und Register

Zur genauen Bestimmung von Pilzen reicht oftmals die Zuordnung von Form, Größe und Hutfarbe nicht aus. Daher dient die Unterseite der Fruchtkörper, die Hymenophore, zum Erkennen der systematischen Zuordnung. Aussehen und Beschaffenheit der Hut- und Stielbekleidungen, die Unterschiedlichkeit der Lamellen, Röhren und Poren sowie etwaiger Stielknollen, Ringe und Manschetten, die variablen Lamellenansätze an Stiel und Hut gehören zum exakten Bestimmen ohne Mikroskop, nur mit einer einfachen Lupe.
Auf 200 Doppelblatt-Tafeln werden solche charakteristischen Details abgebildet und beschrieben.